碳/纤/维
增强复合材料加工技术研究

Research on
Processing Technology of
Carbon Fiber Reinforced Plastics

孔令昊　郝兆朋　著

·北京·

内容简介

本书从碳纤维增强复合材料（CFRP）的组成出发，结合碳纤维增强复合材料的成型方法、结构特性，在综合讨论现有加工技术的基础上，对碳纤维增强复合材料螺旋铣削加工技术中的加工特性、切削力、温度场进行了研究，并设计开发了新型碳纤维增强复合材料螺旋铣削专用刀具及高效抑损加工策略，以提高碳纤维增强复合材料的加工质量。全书共8章，包括绪论、CFRP 加工研究现状、CFRP 常用加工工艺、CFRP 螺旋铣削工艺及切削力特性研究、CFRP 螺旋铣削切削温度场预测研究、CFRP 螺旋制孔低损伤加工新型刀具设计研究、新型刀具加工性能及高效抑损加工策略研究、结论及展望。

本书可供从事碳纤维增强复合材料产品研制、零件加工、难加工材料切削工艺、先进刀具研发等领域的从业者阅读参考，也可供高等学校机械制造等相关专业的师生学习参考。

图书在版编目（CIP）数据

碳纤维增强复合材料加工技术研究/孔令昊，郝兆朋著．—北京：化学工业出版社，2024.03

ISBN 978-7-122-45130-9

Ⅰ.①碳…　Ⅱ.①孔…②郝…　Ⅲ.①碳纤维增强复合材料-加工-研究　Ⅳ.①TB334

中国国家版本馆 CIP 数据核字（2024）第 043669 号

责任编辑：董　琳　　　装帧设计：刘丽华
责任校对：王　静

出版发行：化学工业出版社
（北京市东城区青年湖南街 13 号　邮政编码 100011）
印　　装：北京天宇星印刷厂
710mm×1000mm　1/16　印张 11　字数 204 千字
2024 年 5 月北京第 1 版第 1 次印刷

购书咨询：010-64518888　售后服务：010-64518899
网　　址：http://www.cip.com.cn
凡购买本书，如有缺损质量问题，本社销售中心负责调换。

定　　价：85.00 元

前言

FOREWORD

碳纤维增强复合材料（carbon fiber reinforced plastics，CFRP）是碳纤维及树脂材料构成的层叠结构非均质材料，具有高比模量、高比强度、耐腐蚀、抗疲劳等优良特性，广泛应用于航空航天及军工领域，其应用比例已成为评价航空航天飞行器等产品先进性的重要标志之一。在 CFRP 构件的制造过程中，制备连接孔是一个核心环节，其加工质量的优劣直接关系构件的安全性和可靠性。因此，高质高效的孔加工技术的研究对于提高 CFRP 构件的性能具有至关重要的意义。

作为一种叠层材料，CFRP 在孔加工过程中极易受到轴向力和加工温度的影响，导致材料产生分层、撕裂等加工损伤。这些损伤不仅影响构件的外观，更重要的是会导致构件强度下降，严重影响其性能。因此，降低这些损伤的方法是目前的研究重点。

随着 CFRP 应用的不断扩大，对于其加工技术的研究也越来越受到关注。目前，国内外对于 CFRP 加工技术的研究主要集中在以下方面。

（1）材料特性的研究

CFRP 是一种具有特殊性质的材料，其材料特性对加工过程有着重要的影响，因此，研究 CFRP 的特性对孔加工过程的影响也是当前的重要研究方向之一；

（2）加工工艺的研究

加工工艺是影响 CFRP 加工质量的重要因素之一，研究不同的加工工艺对材料的影响，探索最佳的工艺参数是当前的重要研究方向之一；

（3）加工参数的研究

加工参数是 CFRP 孔加工过程中的重要影响因素之一，研究不同的加工参数对加工质量的影响，探索最佳的加工参数是当前的重要研究方向之一；

（4）刀具和钻头的研究

在 CFRP 的孔加工过程中，刀具和钻头是直接与材料接触的部分，研究适合于 CFRP 加工的刀具也是当前的重要研究方向。本书围绕 CFRP 的材料特点，从螺旋铣削加工工艺出发，对 CFRP 螺旋铣削过程中切削力、切削热、新型刀具及加工策略进行了研究。

本书针对 CFRP 在实际工程中的应用，在著者多年的理论及实验研究的基础上参考部分相关资料编写而成，在此向这些作者表示诚挚的谢意。

由于著者理论水平及实践工作经验有限，书中难免存在不足和疏漏之处，敬请同行和广大读者批评指正。

著者

2023 年 10 月

目录 CONTENTS

第1章 绪论

1.1 复合材料定义及分类

复合材料是根据应用的需要进行设计，把两种及两种以上的有机聚合物材料，或无机非金属材料，或金属材料组合在一起，使之性能优势互补，从而制成的一类新型材料。一般由基体组元与增强材料或功能体组元所组成，因此亦属于多相材料范畴。由复合材料的定义可以看出，其是由两种及两种以上性质不同的材料组合形成的一种新型材料，各组分之间存在明显的界面。各组分在保持各自固有属性的同时最大限度地发挥复合材料所需的特性，使新材料获得单一组分所不具备的优良性能。

基体是复合材料中的重要组成部分，起到承受及重新分配应力及载荷的作用。基体的性能对于复合材料的整体性能具有重要影响。基体材料可以包括聚合物、金属及陶瓷等。其中，聚合物基体是最常用的基体材料之一，具有质轻、耐腐蚀、易加工等特点。金属基体则具有高强度、高刚度、良好的导电导热性能等优点，适用于制备高性能复合材料。陶瓷基体则具有高硬度、高耐磨性、高耐腐蚀性等特点，适用于制备高性能结构材料。增强相是复合材料中另一重要组成部分，通常选用强度、刚度较高的纤维、颗粒及片状材料等。增强相可以提高材料整体性能，包括强度、刚度、韧性等。常见的增强相材料包括碳纤维、玻璃纤维、氧化铝纤维、氧化硅纤维、玄武岩纤维等。其中，碳纤维是一种常用的增强相材料，具有高强度、高刚度、密度低等优点，适用于制备高性能复合材料。

复合材料种类繁多，人们为了更好地研究及使用复合材料，对其进行了分类。复合材料由基体及增强相构成，由于基体材料的种类不同，可将复合材料分为以下几种。

(1) 聚合物基复合材料

聚合物基复合材料是由聚合物基体和增强相组成的复合材料。其中，聚合物基体可以是热固性树脂、热塑性树脂或橡胶。热固性树脂基复合材料在高温下具有较好的稳定性和耐腐蚀性，但其加工性能较差。热塑性树脂基复合材料具有良好的加工性能和耐冲击性，但其耐高温性能较差。橡胶基复合材料具有较好的弹性和耐油性，但其耐高温性能和耐腐蚀性能较差。

(2) 金属基复合材料

金属基复合材料是由金属基体和增强相组成的复合材料。其中，金属基体可以是轻金属、高熔点金属或金属键化合物。轻金属基复合材料具有较好的加工性能和耐腐蚀性，但其强度和刚度较低。高熔点基复合材料具有较高的强度和刚度，但其加工性能较差。金属键化合物基复合材料具有较好的加工性能和耐腐蚀性，但其成本较高。

(3) 陶瓷基复合材料

陶瓷基复合材料是由陶瓷基体和增强相组成的复合材料。其中，陶瓷基体可以是高温陶瓷、玻璃陶瓷或其他陶瓷。高温陶瓷基复合材料具有较高的耐高温性能和耐腐蚀性能，但其脆性较大。玻璃陶瓷基复合材料具有良好的加工性能和耐腐蚀性，但其耐高温性能较差。其他陶瓷基复合材料具有特殊的性能和用途，如氧化铝基复合材料、氮化硅基复合材料等。

(4) 碳基复合材料

碳基复合材料是由碳基体和增强相组成的复合材料。其中，碳基体可以是石墨或其他碳质材料。石墨基复合材料具有较好的导电性能和耐高温性能，但其强度和刚度较低。复合材料按基体类型分类如图 1-1 所示。

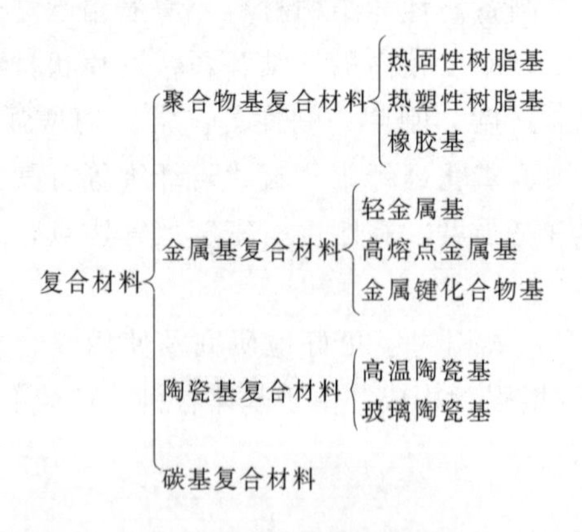

图 1-1 复合材料按基体类型分类

复合材料还可以按增强相的种类进行分类，根据复合材料中增强相的种类可将复合材料分为纤维增强复合材料、颗粒增强复合材料、片材增强复合材料。

(1) 纤维增强复合材料

纤维增强复合材料根据增强相纤维的尺寸又可分为连续纤维增强复合材料及不连续纤维增强复合材料。

① 连续纤维增强复合材料又可以根据增强纤维的铺放形式分为单向纤维增强复合材料、二维编织增强复合材料、三维编织增强复合材料；

② 不连续纤维增强复合材料中以短切纤维（一般长度大于 1mm 且小于 50mm，如短切碳纤维、短切芳纶纤维、短切玻璃纤维、短切玄武岩纤维等）为增强相的复合材料称为短切纤维增强复合材料，以晶须（长度 1～500μm，如纤维素晶须、碳化硅晶须、硼酸铝晶须、硫酸钙晶须、氧化铝晶须等）为增强相的复合材料称为晶须增强复合材料。

(2) 颗粒增强复合材料

以硬质颗粒为增强相的复合材料称为颗粒增强复合材料，按颗粒的尺寸及间距可分为弥散增强复合材料（颗粒直径 0.01～0.1μm，间距 0.01～0.3μm）、纯颗粒增强复合材料（颗粒直径 1～50μm，间距 1～25μm）、空心微球增强复合材料（球径 10～30μm，壁厚 1～10μm）。

(3) 片材增强复合材料

片材增强复合材料是以二维形式的片状填料为增强相的复合材料。

复合材料按增强相类型分类如图 1-2 所示。

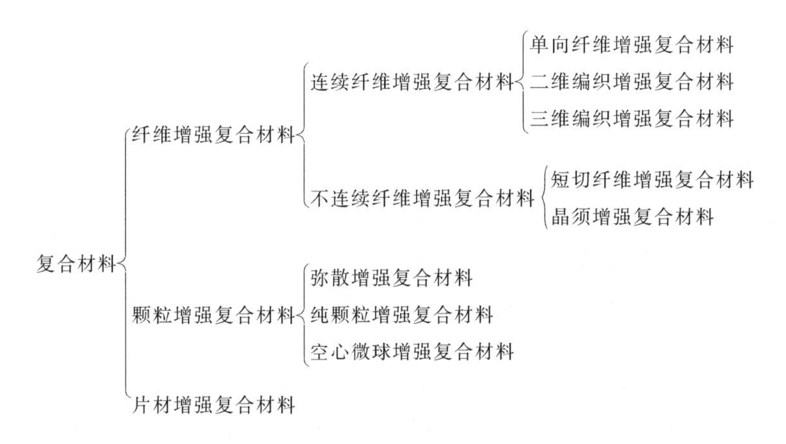

图 1-2 复合材料按增强相类型分类

在所有复合材料种类中，纤维增强复合材料（fiber reinforced plastics）是应用较为广泛的，这种材料是由增强纤维和基体组合而成，其中增强纤维主要起着增强的作用，而基体则起着黏合和传递应力的作用。根据增强纤维种类的不同，纤维增强复合材料可进一步分类如下。

（1）玻璃纤维增强复合材料（glass fiber reinforced plastics，GFRP）

GFRP 是最常用的增强复合材料之一，其增强纤维为玻璃纤维，玻璃纤维具有高强度、高刚度和低成本等优点。

（2）碳纤维增强复合材料（carbon fiber reinforced plastics，CFRP）

CFRP 的增强纤维为碳纤维，碳纤维具有高强度、高刚度、轻量化等优点。

（3）有机纤维增强复合材料

这类复合材料的增强纤维包括芳香族聚酰胺纤维、芳香族聚酯纤维、聚烯烃纤维等，有机纤维具有较高的韧性和耐冲击性。

（4）金属纤维增强复合材料

这类复合材料的增强纤维包括钨丝、不锈钢丝等金属纤维，金属纤维具有高强度、高刚度和良好的导电性能。

（5）陶瓷纤维增强复合材料

这类复合材料的增强纤维包括氧化铝纤维、碳化硅纤维、硼纤维等陶瓷纤维，陶瓷纤维具有高温强度、高刚度和良好的耐腐蚀性。

复合材料并不是一个陌生的概念，它早已融入人们的日常生产实践中。在自然界中就存在着许多天然的复合材料，例如木材就是一种天然的纤维增强复合材料。木材由木纤维和木质素组成，木纤维赋予木材强度，木质素起到基体的作用，将木纤维结合到一起。竹子同其他木材相似，也是一种由竹纤维和木质素构成的天然的纤维增强类复合材料。动物的骨骼中起到支撑作用的密质骨也是一种天然的复合材料，它由骨单位（纤维）和间骨板（基质）构成。

除了天然的复合材料，人类很早就开始探索将多种材料进行组合，以实现性能互补且满足其使用需求。最原始的复合材料可以追溯到仰韶文化时期，古人们已经懂得在土坯中添加草茎以提高其强度。我国古代的漆器就是一种典型的复合材料，它以天然树脂作为黏合剂，以麻绒或丝绢织物作为增强相。这种复合材料的表现效果非常好，充分证明了我国古代劳动人民的智慧和技艺。在夏商时期，我国劳动人民已经熟练掌握了这项技术。元代士兵所使用的弓以韧性良好的木材作芯，比如紫杉木或樟木。弓的受拉面采用高强度的纤维材料例如牛筋，沿着弓身方向铺设，增加了弓的弹性和耐用性。受压面则粘贴牛角片，增加了弓的硬度和稳定性。然后用天然漆做黏合剂，将所有材料紧密黏合，再用丝线紧密缠绕，制成轻巧而有力的弓。这些原始的复合材料和相关技术对于现代复合材料的研究和发展仍然具有很大的启示意义。

近代复合材料的发展始于 1907 年，美国化学家 Leo Hendrik Baekeland 将纤维素加入酚醛树脂中，使易碎的酚醛塑料的力学性能大幅度提升。20 世纪 30 年代后期欧文斯·伊利诺玻璃公司和康宁玻璃制造厂研发出了玻璃纤维的拉伸工艺，使玻璃纤维可用于织物的编织。1942 年俄亥俄州托莱多的工程师 Ray Greene 使用玻璃纤维及聚酯树脂制成了皮划艇。第二次世界大战中玻璃纤维增强聚酯树脂复合材料被美国空军用于制造飞机构件，这种质量轻、强度高的材料引起了科学家的广泛关注，复合材料迎来了快速发展阶段。

1.2 CFRP 概述

CFRP 是当前应用最为广泛的复合材料。CFRP 是以碳纤维为增强相，以树脂、陶瓷、金属、水泥、碳或橡胶为基体所构成的复合材料，具有比强度高、比刚度高、抗疲劳性好、抗过载能力好、耐腐蚀性强和可设计性强等诸多优点。2022 年全球复合材料市场不同基体复合材料的需求量如图 1-3 所示。

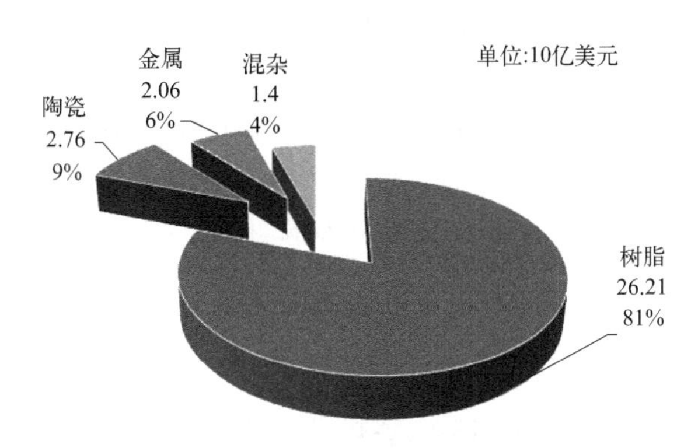

图 1-3 2022 年全球复合材料市场不同基体复合材料的需求量[1]

在考虑各种基体的价格及各种工艺的加工成本因素后可知，树脂基复合材料是当前应用最为广泛的碳纤维增强复合材料。CFRP 出现数十年仍未得到广泛的应用，除本身的价格昂贵外，还和 CFRP 加工成本高、损伤严重有关，而造成加工成本高、损伤严重是 CFRP 的组成及结构特性导致的，因此本书从构成 CFRP 的各组分热力学性能、CFRP 的成型工艺等方面进行详细的介绍。

1.2.1 碳纤维的发明及制备工艺

碳纤维是当下最为热门、应用最为广泛的先进材料之一，但碳纤维早在 19 世纪 70 年代就已经被发明出来了，有着近 150 年的历史。英国物理学家约瑟夫·威尔森·斯万爵士发明了以铂丝为发光体的电灯，为了解决铂丝耐热性差的问题，他在半真空中以碳化的细纸条为发光体制作了现代白炽灯的原型。1879 年托马斯·爱迪生通过真空高温烘烤将椴树内皮、黄麻、马尼拉麻和大麻等天然纤维碳化，加工成所需要的尺寸及形状的碳纤维，以此代替碳纸条作为白炽灯的灯丝。因此爱迪生发明了最早的商用碳纤维，但受限于碳纤维的制作工艺，早期碳纤维的结构强度极低，在使用过程中极易发生断裂、破碎，即使作为白炽灯的灯丝，其使用寿命也极其有限，直至 1910 年钨丝代替碳纤维成了白炽灯理想的发光材料，碳纤维逐渐淡出人们的视野。

现代碳纤维加工方法可分为三类：人造丝基碳纤维、沥青基碳纤维、PAN 基碳纤维。根据前驱体的不同，碳纤维的加工工艺也有所不同，所制造出来碳纤维的性能及用途也存在一定的差异。

(1) 人造丝基碳纤维

人造丝原丝是制造碳纤维最古老的前驱体之一。20 世纪初美国的化学工业快速发展，黏胶（1905 年）、醋酯（1914 年）、聚氯乙烯（1931 年）、聚氨酯（1936 年）、聚丙烯腈（1950 年）等人造丝的出现及商用化为美国在高性能碳纤维研发领域奠定了基础。1959 年，美国联合碳化物公司帕尔马技术中心（US Union Carbide Corp.'s Parma Technical Center）的科学家就开发出了以人造丝为原料的高性能碳纤维制备技术，加利·福特（Curry E. Ford）和查尔斯·米切尔（Charles V. Mitchell）提出了在 3000℃下高温碳化人造丝制备碳纤维的技术方法，制造出了当时强度最高的商用碳纤维。该工艺所制造的碳纤维具有较好的耐高温能力，美国空军材料实验室（U. S. Air Force Materials Laboratory）将该种纤维制成的复合材料用于制造航天器热屏蔽层。至此碳纤维成为一种全新的树脂基复合材料增强体，相比于玻璃纤维及硼纤维凸显了极高的性价比，引起了美国军方的高度重视。

1964 年卫斯理·沙拉蒙（Wesley A. Schalamon）和罗格·贝肯提出了将人造丝在 2800℃下热拉伸（hot-stretching）制造碳纤维的工艺，该工艺使所加工纤维的模量提高了一个数量级，此后数年间美国联合碳化物公司通过该工艺研发了一系列高模量碳纤维（830GPa）。虽然该工艺的效率较低，仅有 10%～30%的原丝可转化为碳纤维，而且拉伸工艺的技术难度较大，拉伸过程使纤维的加工成本进一步提高，但该工艺所制造的碳纤维具有较高的模量，且耐高温性能优异。

(2) 沥青基碳纤维

沥青基碳纤维的前驱体是从石油沥青、煤焦油或聚氯乙烯中提取的多环芳烃。与其他工艺制备的碳纤维相比，沥青基碳纤维石墨化程度更高，具有更高的模量，以及更高的热导率、电导率。伦纳德·辛格（Leonard S. Singer）在芝加哥大学获得博士学位后加入了帕玛尔技术中心，他通过加热石油和煤等原料获得了含碳量高于90%的高含碳量前驱体有机物。1970年辛格攻克了使用沥青基前驱体加工高模量碳纤维的关键技术，并同助手艾伦·切丽（Allen Cherry）设计了一台牵引机，为中间相沥青施加张力，致使分子重新排列后进行加热，通过该项技术获得了石墨化程度更高的碳纤维，1975年联合碳化物公司利用该项技术商业化生产长纤维，1980～1982年通过该技术生产的碳纤维模量可达到690～830GPa。该工艺具有现阶段最高的碳收率，可达到80%～90%，但该工艺只有通过使用精炼、调制的沥青才能获得高质量、高性能的碳纤维。

沥青是一种成本相对较低的原料，但实际生产中利用该工艺生产的碳纤维成本差异较大，模量低、石墨化较低的沥青基碳纤维价格较低廉，而具有高模量、高热导率、石墨化较高的高性能的沥青基碳纤维价格昂贵。

(3) PAN基碳纤维

聚丙烯腈（polyacrylonitrile，PAN）是当代制造碳纤维最主要的前驱体。PAN于20世纪40年代初期由美国杜邦公司发明，由于聚丙烯腈在其灰化温度下不熔融的特性，40年代中期联合碳化物公司的温特（L. L. Winter）就提出了聚丙烯腈可用于制作碳纤维。20世纪50年代初杜邦公司开始商业化生产名为奥纶（orlon）的聚丙烯腈纤维。同一时期胡兹（Houtz）发现，在空气环境中经过200℃加热的丙烯腈纤维具有良好的防火性能，由于美国科学家过于关注人造丝基碳纤维的加工工艺，该项发现并未得到足够的重视，致使美国与PAN基碳纤维技术失之交臂。最后，这类产品以黑奥纶（black orlon）的名称进行销售。

日本科学家并未放弃该项技术的研究，直至1961年日本产业技术综合研究院（Government Industrial Research Institute）的近藤昭男（Akio Shindo）在实验室中制造出了性能远超越人造丝基碳纤维的PAN基碳纤维。该项技术得到了日本科学界及工业界的大力推广。日本东丽（Toray）株式会社（以下简称东丽公司）研制了性能极为优越的PAN原丝，并用于碳纤维的制造，从此日本在PAN基碳纤维制造领域占据了领导地位。该技术生产的碳纤维综合性能好，且该工艺成熟简单、成本低、碳收率较高，快速占领了全球碳纤维市场，产量占全球碳纤维总产量的90%以上。该工艺的后续加工步骤基本相同，包括氧化、预碳化、碳化、表面处理、洗涤、干燥等，所制成的纤维性能受前驱体 PAN 原丝性能的直接影响。美国联合碳化物公司为了避免被市场抛弃，在 20 世纪 70 年代初与东丽公司签署了技术合作协议，以碳化技术交换东丽公司的丙烯腈原丝制造技术，并很快推出了自己的 PAN 基碳纤维。

1.2.2 常见碳纤维的型号及性能

东洋人造丝公司成立于 1926 年，1970 年 1 月公司更名为东丽株式会社（简称东丽公司）。其主要业务为生产人造丝，在意识到未来碳纤维巨大的发展空间后，深耕于碳纤维事业，目前东丽公司是世界上最大的碳纤维生产厂家，并且牢牢掌控着高端碳纤维市场需求份额。由于东丽公司在碳纤维领域的领导地位，其碳纤维产品代号已成为世界通用指标。

与碳纤维相关的第一个重要规格为丝束中纤维的数量。碳纤维是直径 5～7μm 的细长丝，单根碳纤维的力学性能十分有限且操作困难，因此在大多数的使用场景中会将多根碳纤维细丝聚集为丝束使用，丝束中碳纤维丝的数量用 K 来计量，1K 代表一束碳纤维丝中有 1000 根碳纤维细丝。常用的丝束规格有 1K、2K、6K、12K、24K、48K、60K、80K、120K，一般纤维数量小于 24K 的称为小丝束，大于 48K 的称为大丝束。小丝束碳纤维比大丝束碳纤维具有更高的拉伸弹性模量和拉伸强度，当小丝束碳纤维编织成复合材料时会具有更加优异的力学性能，常被用于航空航天领域，因此也被称为航空航天级碳纤维。虽然性能优异，但小丝束碳纤维的制备成本比大丝束碳纤维的制备成本高很多，其具体原因如表 1-1 所示。

表 1-1 小丝束碳纤维与大丝束碳纤维制备成本对比[2]

不同参数丝束规格	大丝束碳纤维＞48K	小丝束碳纤维 1～24K	小丝束碳纤维成本高的原因
聚合组分	纯度要求一般，＜92% AN,MA 等	纯度要求高＞92% AN,MA(IA 等)	提纯成本增加
原丝初度	允许一定杂质	严格控制杂质含量	纺丝速度慢
原丝性能	重均分子量适中	高重均分子量且分子量分布窄	聚合、纺丝成本增加
氧化过程	AN 含量少时的氧化快、需控制放热集中	高 AN 含量致使氧化慢	长时高耗能致使成本增加
碳化工艺	碳化温度相对较低	有时需要较高的温度	耗时高
产品认证	相对简单	非常关键、过程复杂	周期长、认证昂贵

注：AN 为丙烯腈，IA 为衣康酸，MA 为丙烯酸甲酯。

导致相同型号不同规格碳纤维成本差别的根本原因在于制备工艺的不同，小丝束碳纤维为了获得更高的含碳量，需要的原丝尺寸更细、氧化时间更长、碳化温度更高，这造成了小丝束碳纤维的生产成本大大提高。相同质量条件下小丝束碳纤维相比于大丝束碳纤维具有更高的强度，因此被广泛应用于制作航空航天器的承力部件，如机翼、螺旋桨、壳体等构件。大丝束碳纤维又被称为工业级碳纤维，虽然大丝束碳纤维拉伸强度较低，但性价比较高，主要用于医疗器械、土木建筑、交通运输等领域。

与碳纤维相关的另一个重要规格为碳纤维的型号。东丽公司将碳纤维产品分为“T”系列及“M”系列，常见碳纤维型号及性能如图 1-4 所示。

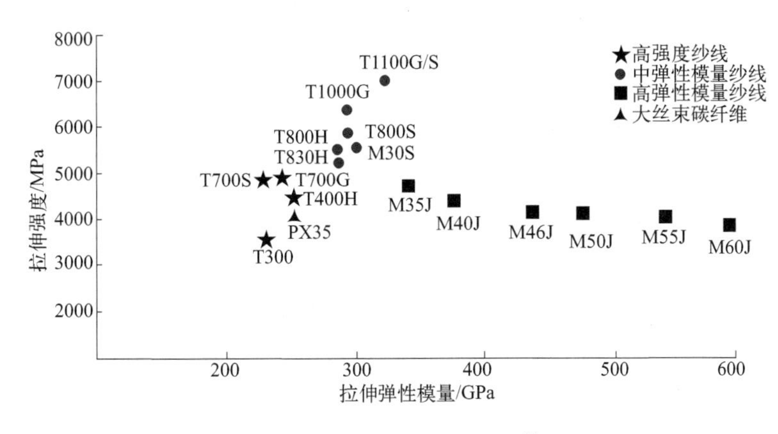

图 1-4　常见碳纤维型号及性能[3]

T 系列为高强度碳纤维，根据纤维的拉伸强度进行标号，分为标准模量级和高强中等模量级。M 系列根据纤维的拉伸模量进行标号，分为中模量型及高模量型，后期出现了同时实现高强度高模量的 MJ 系列碳纤维，目前已基本取代早期的 M 系列。标号中数字越大所代表的碳纤维性能等级就越高，尾号带字母的性能要优于不带字母的型号。由于高模量碳纤维在国防、军工、航空航天领域占有的重要地位，美日两国规定除高强型碳纤维外，其余产品型号禁止对华出口。我国在 20 世纪 60 年代开展了碳纤维制备工艺的研究，直到 90 年代末期我国才在碳纤维制备的核心技术上有了一定的突破，国内厂商也研制出了与东丽公司产品相对应的碳纤维产品型号，其对应关系如表 1-2 所示。

表 1-2　与东丽公司产品相对应的国内碳纤维产品型号

纤维类型	型号	国标型号	中复神鹰	中简科技	光威复材
高强型	T300	GQ3522	SYT45		TZ300
	T700S	GQ4522	SYT49	ZT7-3K/12K	TZ700S
	T700G				

续表

纤维类型	型号	国标型号	中复神鹰	中简科技	光威复材
高强中模型	T800H	QZ5026			TZ800H
	T800S	QZ5526	SYT55S	ZT8-6K/12K	ZT800S
	T1000G	QZ6026	SYT565		TZ1000G
	T1100S				
	T1100G	QZ7026			
	M35J	QZ4526	SYM35		
高强高模型	M40J	QM4035	SYM40	ZM40J-6K/12K	ZT40J
	M46J				
	M55J	QM4050			ZT55J
	M60J	QM3555			ZT60J

标准模量的碳纤维一般具有230GPa左右的拉伸模量，涵盖1～24K多种规格，T300、T400H、T700S、T700SC及T700G是较为常见的标准模量碳纤维。

T300已投入商业化生产30余年，是应用最为广泛的碳纤维产品也是行业公认的标准碳纤维，被广泛应用于航空航天领域，其中1K、3K、6K及12K丝束为较为常用的规格。T400H拥有较高的拉伸强度，常用3K和6K规格的丝束。T700S则是标准模量碳纤维中模量最高的型号，拥有出色的可加工性，适用于纤维缠绕、编织等方式制作压力容器，6K、12K及24K丝束为较为常用的规格。

中模量型碳纤维的拉伸强度在290GPa左右，可根据拉伸强度细分为高强度中模碳纤维（T800H、T800S、T1000G）和超高强度中模碳纤维（T1100G、T1100S）。T800H是为了满足飞机轻量化需求而研发的产品，主要用于飞机的次承力结构，如垂直尾翼、水平尾翼等，主要丝束规格为6K及12K。T1000G拥有最高的伸长率，广泛用于压力容器的制造，仅有12K规格可供使用。T1100G及T1100S拥有最高的抗拉伸强度，特别适用于编织及缠绕等加工方法，同样只提供12K规格。

东丽公司生产的高模量碳纤维代表了高模量PAN基碳纤维最高水平，其拉伸强度、抗压缩强度可达到相应沥青基碳纤维的2倍以上，广泛用于航天器的制作及竞技体育用品中。

1.2.3 常用基体材料特性

复合材料由增强相及基体共同构成，基体材料的性能也会对复合材料综合性能产生重要的影响。CFRP中使用的树脂基体主要分为两大类：一类是环氧树脂和不饱和聚酯树脂等热固性树脂；另一类是聚丙烯（PP）和聚酰胺（PA）等热塑性树脂。

从这两类基体材料的名称中就可以看出某些基本性质。热塑性树脂就是受热后会发生软化，冷却后会再次硬化的一种树脂材料，在软化、硬化的过程中不发生化学反应，因此该过程可无限次重复。热塑性树脂为线型聚合物，在制造过程中就已经发生了聚合反应，常温下一般为柔韧而富有弹性的固体，耐化学腐蚀，产生裂纹后可修复。热固性树脂顾名思义就是加热后会发生硬化的树脂，该硬化过程是分子发生交联，形成网状结构的过程，是一种不可逆的化学变化。热固性树脂为网络聚合物，固化前为液态，加热或加入固化剂后发生聚合反应，生成坚固、无弹性、易碎、耐热且耐化学腐蚀的聚合物，聚合物发生破损后难以修复。

由于不同的特性，这两类基体材料在制作CFRP时需使用不同的加工方法。热固性树脂在碳纤维浸润阶段是黏度较低的液体，成型时需要通过加热引起聚合反应进而固化成型。大多数环氧树脂在100℃下可以实现完全固化，但这一过程会消耗很长时间。一般情况下热压罐内温度每升高10℃，固化时间就会减少50%。但许多聚合物在超过200℃的温度下稳定性较差，过高的固化温度会导致聚合物基体的燃烧和降解，所以热固性树脂的固化温度一般不会超过200℃。将热压罐缓慢升温的过程计算在内，使用热压罐制造CFRP零件的加热时间达到了2～4h，因此使用热固性树脂基体的碳纤维构件的成型周期都很长。使用热塑性树脂通过注射成型法制造CFRP构件的成型过程可在10s内完成，较大尺寸构件的成型过程也可在数分钟内完成，但热塑性树脂在熔融状态下黏度较高，需要使用大型冲压机。同时由于热塑性树脂的特点，热塑性树脂基碳纤维构件会受到使用场景及后期加工需要的限制。

1.2.4 CFRP构件成型方法

CFRP是以纤维类材料碳纤维为增强相树脂材料为基体的复合材料，如何将一根根直径约为7μm的碳纤维制成不同形状、不同规格的零件，本书就需要介绍一下CFRP的成型方法。常用的成型方法包括手糊成型、喷射成型、热压罐成型、树脂转移模塑成型、模压成型、缠绕成型、连续拉挤成型和注射成型等方法。

(1) 手糊成型

手糊成型是最早使用的成型方法之一，是所有方法的起点。该方法不需要特殊的设备，投资成本低，可加工各种尺寸的零件自由度高，工艺简单。加工过程中只需在模具上涂覆脱模剂、胶衣，再将裁剪成所需形状的预浸布铺覆到模具上涂刷树脂，重复进行直至达到所要求的厚度后进行固化、脱模。该方法所生产的零件孔隙含量高、质地疏松、密度低、强度较低，加工质量依赖于工人的熟练程度，质量不稳定且生产效率低，主要用于小批量零件的生产。

(2) 喷射成型

喷射成型通过喷枪将短切碳纤维与树脂的混合物喷涂到模具表面，直至达到所需的厚度后，再手工用橡胶辊按压排出空气，然后固化成型。这种方法的加工效率有一定的提升但依然无法满足大批量生产，由于采用短切碳纤维，制成的零件承载能力有限，无法应用于航空航天等高性能领域，因此该工艺主要用于船身、浴缸、储罐过渡层的加工。

(3) 热压罐成型

为了改善手糊成型方法中产品表面质量差、孔隙率高的缺点，热压罐成型法应运而生。该方法将裁减为所需形状的预浸布按设计的方向、位置堆叠于模具上，在达到所需厚度时在表面覆盖薄膜制造封闭空间，并抽真空，在负压状态下将附有未成形零件的模具放入热压罐中加热、加压，使零件在高温、高压的环境中固化，其工艺如图 1-5 所示。

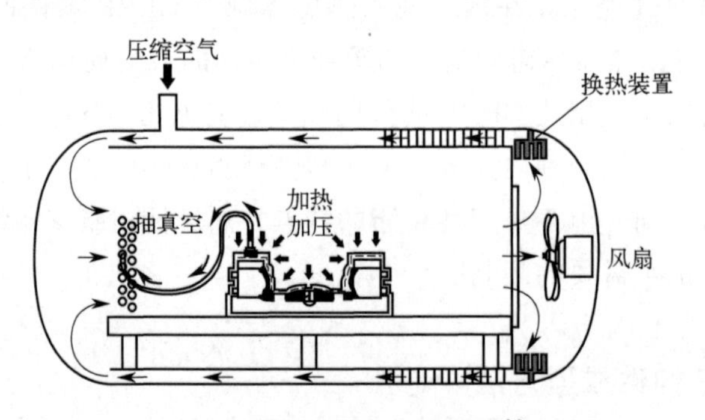

图 1-5 热压罐成型工艺示意图[4]

通过该工艺制成的零件表面光洁度好、孔隙率低、材料可设计性强、力学性能好，是最能发挥 CFRP 功能及性能的成型工艺，可用于复杂曲面零件的制造。适用于制造飞机的支架、机翼、整流罩、尾翼、舱门等产品。但该工艺设备投资成本高、工艺生产成本高、能耗高、零件尺寸受到热压罐尺寸的限制。

(4) 树脂转移模塑成型

树脂转移模塑成型（resin transfer molding，RTM）是以碳纤维编织布为中间基材，注入树脂再固化的成型方法。RTM 共分为两步：第一步将碳纤维编织布按性能和结构要求铺放，在模具中加热、加压、裁剪制成预成型体；第二步将预成型体放入模具中，在加压的条件下将树脂及固化剂注入模具中填充预成型体的孔隙，使树脂与碳纤维浸润固化。RTM 树脂浸润过程如图 1-6 所示。

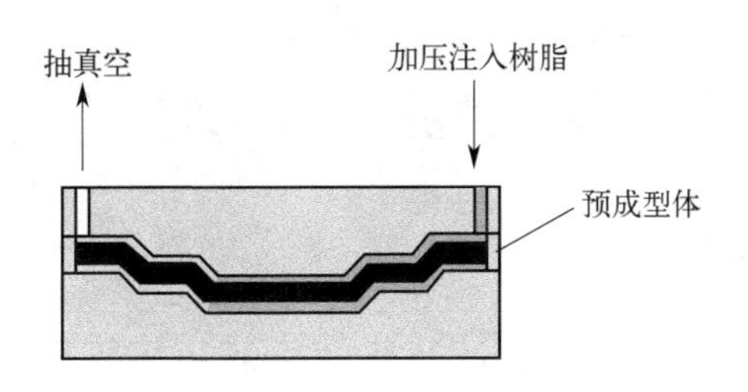

图 1-6 RTM 树脂浸润过程

RTM 是一种不采用预浸布、不采用热压罐的低成本成型方式。RTM 的技术优点是加工质量高、精度高、孔隙率低、制品的纤维含量高，该方法可以在不使用胶衣的情况下获得光滑的表面，生产效率高，多用于体育用品及飞机次承力部件的制作。由 RTM 派生了真空导入模塑工艺、柔性辅助 RTM、共注射 RTM 及高压 RTM（HPRTM）等。

（5）模压成型

模压成型是一种将预浸布、片状模塑料（SMC）、团状模塑料（BMC）等中间基材铺放于加热的模具中，同时使用压力机加压固化的成型方法。由于成型过程中使用了模具，因此可以获得精度较高、质量较好的零件，同时该方法具有效率高、适用于大批量、高强度零件生产的优点，但模具制造过程复杂、前期投入成本高。SMC、BMC 为短切碳纤维所制成含有树脂的中间基材，在固化前具有一定的流动性，因此可通过模压成型方法将 SMC、BMC 制成形状较为复杂的零件，如螺钉和含有肋板、凸台的支架等，但由于零件中的增强相为短切碳纤维，零件的强度及刚度会受到纤维形态的影响而不能充分发挥碳纤维优势。

（6）缠绕成型

圆柱形、球形、罐形的容器及舱体是航空航天领域构件中较为常见的零件形态，而使用短切纤维制作压力容器无法最大限度地发挥碳纤维的优势，此时就需要一种将连续纤维制成圆柱形、球形复合材料构件的成型工艺。缠绕成型法很好地解决了这个问题，加工过程中纤维按照规划的路径缠绕在连续转动的回转体芯模上，然后固化成型并脱模，碳纤维缠绕成型如图 1-7 所示。

纤维缠绕过程中通过数控系统对芯模转动角度、转动速度、丝嘴的位置、角度以及纤维张力进行控制，让纤维按照规划好的路线进行铺覆，纤维缠绕成型法是复合材料成型工艺中效率最高、成型效果最好的工艺，成型过程中减少了人为

图 1-7 碳纤维缠绕成型

因素的干扰，其产品性能均匀、稳定。纤维缠绕法根据中间基材的不同可分为干法缠绕成型工艺、湿法缠绕成型工艺、半干法缠绕成型工艺。

① 干法缠绕成型工艺是用含有树脂的预浸料按照预定的路径缠绕在芯模上并固化脱模的过程，干法缠绕具有环保、效率高、成品性能好的优点，但缠绕设备造价昂贵，预浸料成本是普通纤维的数倍，因此多用于对产品性能要求严格的航空航天领域。

② 湿法缠绕成型工艺是让连续的碳纤维经过储胶罐浸渍于树脂中，在丝嘴的引导下按照规划路径缠绕在芯轴上。该方法对设备及材料的要求较低，且适用于大多数回转体的缠绕，但加工质量会受到多重因素影响，产品质量不易保证。

③ 半干法缠绕成型工艺介于两种成型方法之间。

缠绕成型法的自动化程度高，生产效率高，产品质量好，但缠绕成型法适用范围有限，需要专用设备。

(7) 连续拉挤成型

连续拉挤成型是通过牵引装置将碳纤维束以较低的速度拉出，经过树脂槽浸渍后经过具有固定形状的加热模具，在通过模具的同时固化成型，实现连续固化，其工艺如图 1-8 所示。理论上连续拉挤成型所生产的产品长度不受限制，特别适用于管材、棒材、槽型材、工字型材、方形材等的制造。

(8) 注射成型

注射成型是根据金属压铸成型原理发展而来的成型工艺。注射成型工艺以短切碳纤维颗粒为中间基材，在加热的状态下通过螺杆的挤压、推动，注入模具型腔中再冷却固化，脱模形成所需零件。利用该工艺可加工复杂形状的零件，与一

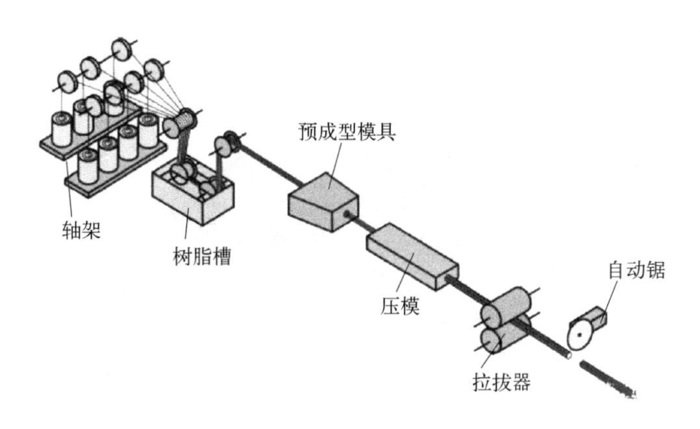

图 1-8　连续拉挤成型工艺

般的树脂单体注塑零件相比强度和刚度都有着较大的提升，但与长纤维成型工艺所制备的零件相比性能差距较大。该方法适用于大批量小尺寸零件的加工。

可见 CFRP 零件的加工过程中可根据基体的类型，中间基材的类型、零件的形状、加工成本、加工数量和质量要求等特性选择适当的成型方法，中间基材与成型方法的选择关系如图 1-9 所示。

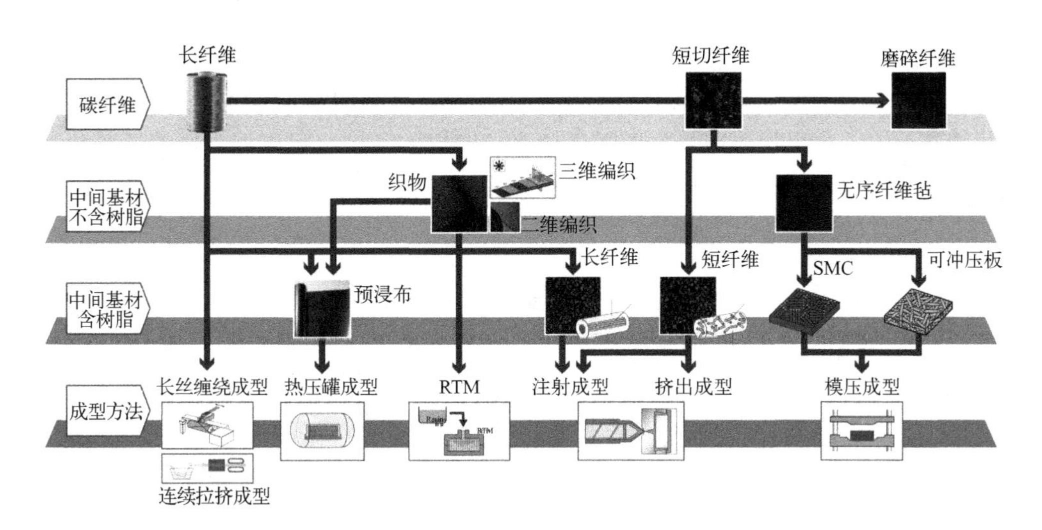

图 1-9　中间基材与成型方法的选择关系[5]

图 1-10 记录了 2022 年全球不同成型工艺 CFRP 零件的需求量。

通过以上的介绍可知，大多数 CFRP 成型方式中所使用的黏合剂为热固性树脂，热塑性树脂使用量较少。大多数 CFRP 成型方式，如手糊成型法、热压罐成型法、模压成型法、干法缠绕成型法、树脂转移模塑成型法以及派生的各种成型方法均以层状碳纤维材料为中间基材经由树脂进行黏合。

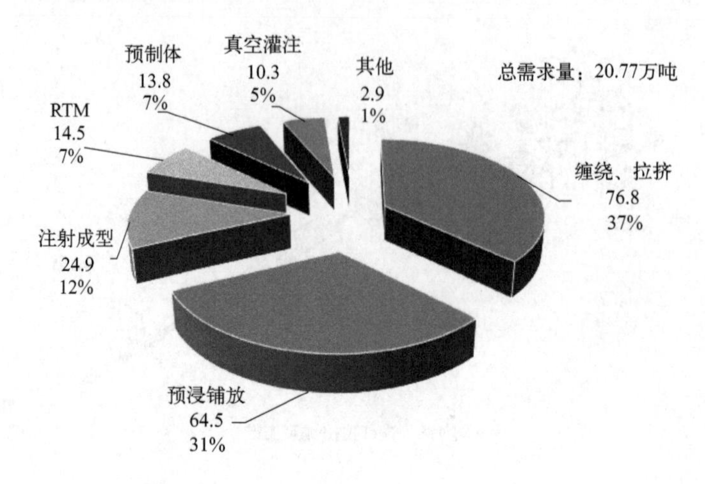

图 1-10　2022 年全球不同成型工艺 CFRP 需求量[1]

由此可见，以热固性树脂为基体含有层状结构的 CFRP 构件最为常见。

1.3　CFRP 的应用

碳纤维是一种含碳量高于 90% 的纤维材料，具有极佳的力学性能，是新一代增强纤维的突出代表，环氧树脂是 CFRP 中最为常见的热固性树脂基体材料。以常见碳纤维型号，2500 型环氧树脂为基体，在 130℃ 下固化，含碳 60% 的 CFRP 层合板力学性能如表 1-3 所示。

表 1-3　CFRP 层合板力学性能[6]

纤维力学性能	T300	T700G	T800H	T1100G	M35J	M46J	M60J
拉伸强度/MPa	1820	2040	2920	3460	2690	2190	2010
拉伸模量/GPa	140	141	168	185	202	267	360
拉伸应变/%	1.26	1.4	1.67	1.82	1.35	0.83	0.55
抗压强度/MPa	1470	1645	1550	1870	1400	1090	790
抗弯强度/MPa	1790	1970	1710	1920	1650	1420	1070
抗弯模量/GPa	123	125	147	159	169	222	301
层间剪切强度/MPa	95	128	164	160	131	77	70
90°拉伸强度/MPa	76	75	97	80	68	48	34

碳纤维及环氧树脂的密度均较低，由这两种材料制成的先进 CFRP 密度一

般在 1.45～1.7g/cm^3，其拉伸强度均在 1.5GPa 以上，超过铝合金部件的 3 倍，接近超高强度合金的水平。广泛应用于飞机制造的 7050、7075 等铝-锌系高强度铝合金，其强度一般在 0.43～0.46GPa，最高也只能接近 0.65GPa。而第一种实用化碳纤维 T300 系列，在 1971 年试验性生产时其拉伸强度就达到了 2.8GPa，现阶段由日本东丽公司所制造的 T300J 系列其拉伸强度可达到 4.21GPa，CFRP 的密度低、强度高、刚度高，其比强度接近铝合金的 4 倍，比刚度接近铝合金的 2 倍。CFRP 除了比强度高、比刚度高以外，还具有热膨胀率低、X 射线透射性、电磁波截断能力、冲击能量吸收能力、耐化学腐蚀、抗疲劳性好和可设计性强等诸多优点，因此广泛应用于航空航天、竞技体育、汽车、土木工程、工业设备和日用消费品中。全球各领域复合材料收益如图 1-11 所示。

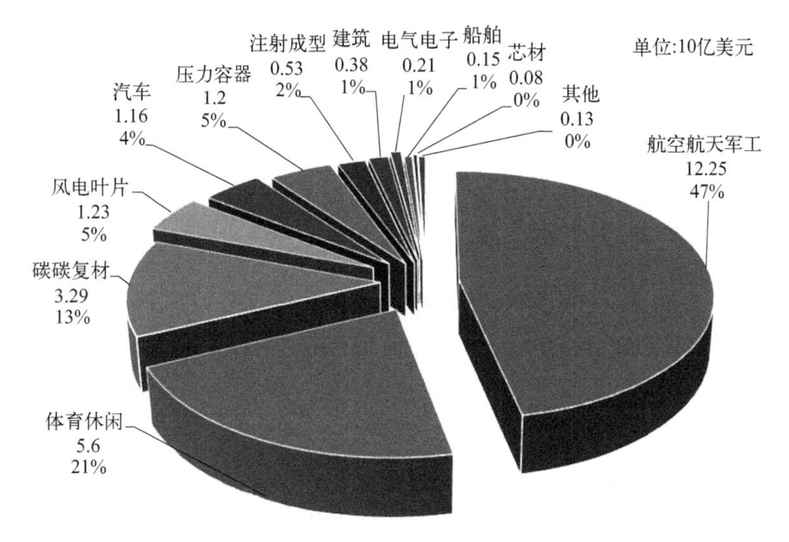

图 1-11　全球各领域复合材料收益 [1]

20 世纪 50 年代中期美国联合碳化物公司帕尔马技术中心率先开展了高性能碳纤维技术的研究，最先以耐烧蚀材料的形式应用于美国空军航天器热屏蔽层中。在经过数十年的研究及经验积累后，CFRP 被用于 F-15、F-16 以及其他战机的主结构制造中。当今世界主流战机中复合材料的使用量均在 20%～50%之间，由洛克希德·马丁公司设计的 F-22 猛禽重型隐身战斗机中，CFRP 占机身结构 35%，欧洲 EF-2000、阵风战斗机超过 70%的机身表面由复合材料所覆盖。复合材料在军用直升机、无人机的制造中使用量超过 60%，格鲁门公司所制造的全球鹰无人机复合材料使用量超过 65%，由波音公司研制的 X-45C 飞机的复合材料使用量高达 90%以上。在环保法规、使用成本以及复合材料在军用飞机制造中的成功案例影响下，商用飞机中复合材料的应用比例也在不断被刷新，波音公司、空中客车公司先后推出了复合材料使用量占结构比例超过 50%的主流商用飞机，这预示着以复合材料为主要材料的大型客机结构设计时代已全面来临。当今主流商用飞机复合材料的使用比例如图 1-12 所示。

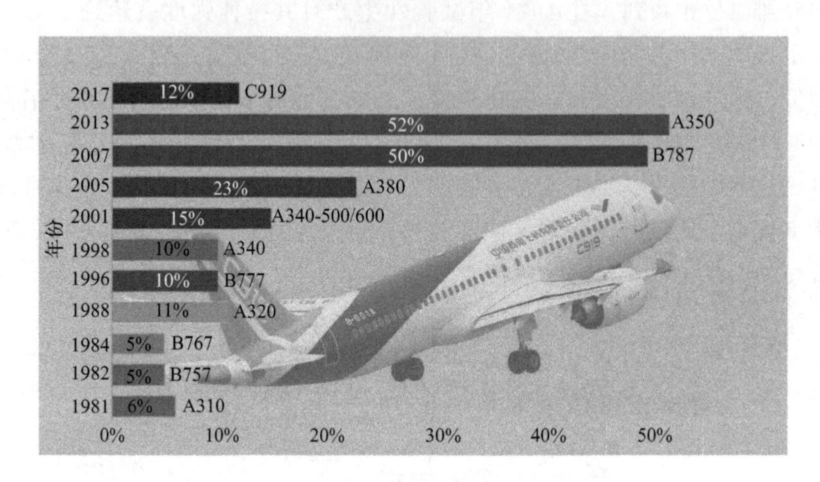

图 1-12 主流商用飞机中复合材料的使用比例

先进复合材料在武器装备领域也具有广泛的应用前景，导弹质量与射程有着密切的关系，如减少战略导弹第三级重量 1kg 可增加有效射程 16km，减少弹头重量 1kg 可增加有效射程 20km，提高复合材料的使用量对增加武器射程，提高载弹量，促进武器装备的轻量化和高性能起到了至关重要的作用。采用复合材料制造的导弹发射筒与传统材料制作的发射筒相比可减重 20%以上，能有效地提高武器的机动性，耐腐蚀性及抗疲劳强度，如美国的战略导弹 MX，俄罗斯的战略导弹“白杨 M”均采用复合材料制造的发射筒。

CFRP 凭借其比强度高，抗疲劳强度高以及可设计性强等诸多优点为汽车行业带来了巨大的变化，被竞速赛事及高端汽车品牌所青睐。究其根本原因，CFRP 为汽车行业带来了诸多传统金属材料无法匹敌的优势：轻量化、可靠性高、可设计性高、能量吸收率极佳。从汽车界顶级的赛事 F1 到环境最恶劣的达喀尔拉力赛都可以看到 CFRP 的使用。随着 CFRP 成型技术的发展，碳纤维制备产能的不断提高，CFRP 制品的价格也在逐步下降，使得以往只有在高端竞速赛事中出现的 CFRP 结构出现在了民用汽车领域，如图 1-13 中宝马 i3 使用通过 RTM 技术制造的 CFRP 车身框架只有 101.3kg。

CFRP 在舰船制造中发挥着重要的作用。通过应用 CFRP，可以大幅减轻船舶上层的质量，使重心下移，提高舰船的稳性和安全性。同时，CFRP 易于制成复杂的形状，可以有效地减小舰船水上部分的雷达反射面积，改善舰艇的热学特征。此外，利用 CFRP 制作桅杆和船体结构可以提高舰船的整体强度和耐用性。

图 1-13 BMW i3 碳纤维车身框架

更值得一提的是，使用 CFRP 制作的螺旋桨不仅可以减轻质量，还能改善空泡性能、降低振动、减少油耗。而在舰船上，CFRP 也被广泛应用于传动轴、方向舵、管道系统等关键部位的制造，为舰船的稳定运行提供了强有力的保障。

碳纤维具有极高的拉伸强度，远超过常见的金属和大多数纤维材料。由于其独特的力学性能，CFRP 在桥梁和隧道的补强中得到广泛应用。通过使用碳纤维补强，可以有效地提高结构的强度和耐久性，延长其使用寿命，并提供更高的安全保障。在桥梁和隧道的维修和加固中，CFRP 可以高效地改善结构的受力性能，减少潜在的破坏风险。此外，CFRP 的轻质高强特性也使其在结构加固中具有更大的优势，施工方便快捷，对结构影响小，极大地提高了结构的承载能力。碳纤维也常被用于制作缆、索等结构。在电力输送领域，碳纤维复合芯导线被广泛应用，相比传统的铝芯线，它具有更大的载流量、更轻的质量以及更小的弧垂等特点，能够满足现代电力输送和桥梁建设的高要求。此外，碳纤维复合芯导线还具有较好的耐腐蚀性能，能够减少线路的维护和更换成本，提高电力输送的可靠性和安全性。索作为一种柔性构件，在索桥结构中起到重要作用，传统钢索随着长时间使用其弊端逐渐显现，最突出的问题是耐腐蚀性差。随着钢材腐蚀钢索承载能力下降，中外各国都有着因钢索腐蚀桥梁结构被破坏的案例。由 CFRP 所制作的索相比于传统钢索具有更高的拉伸强度，而质量只有传统钢索的 1/5。同时 CFRP 耐腐蚀性强，在长期的酸碱盐腐蚀环境下仍能保持稳定的性能。图 1-14 为我国江苏大学单塔双索面斜拉索桥，该桥 16 根斜拉索均由 CFRP 平行杆束构成。

CFRP 因其独特的性能特点，在体育休闲领域中也展现出广泛的应用前景。体育产品是 CFRP 最早进入市场化应用的领域之一，这得益于其卓越的性能和多样化的应用方式。CFRP 制品具有质量轻、抗弯能力强、可设计性强等优点，

图 1-14　江苏大学 CFRP 索桥

可有效提升体育产品的品质和功能性。例如，在自行车制造中，CFRP 的应用使得车架更轻便、坚固，同时也能够满足消费者对于外观和个性化的需求。除此之外，碳纤维复合材料还可应用于制造高尔夫球杆、滑雪杖等体育用品，以及运动场地的设施等领域，为提高运动员的竞技水平和改善运动环境提供了强有力的支持。

CFRP 加工研究现状

大部分 CFRP 材料是通过使用片状的中间基材，再结合树脂材料将其黏结成具有叠层结构的复合材料。将 CFRP 制成人们所需要的零件就必须经过适当的机械加工，CFRP 独特的成型方式使得其在性能和可加工性方面与传统材料存在明显的差异。受到碳纤维硬度高、强度高以及基体材料热力学性能的影响，CFRP 加工中出现了以往均质材料加工中未曾出现过的表面质量差、加工损伤严重的问题。本章将对 CFRP 加工中常见的加工损伤以及可加工性进行介绍。

2.1 CFRP 加工中的损伤

2.1.1 CFRP 常见损伤形式

CFRP 具有近净成形的特点，制造中常将裁剪为特定形状的预浸布或碳纤维按照一定的顺序堆叠铺覆，再经过热压固化成型制成与最终形状相近的构件，一般不需要复杂的二次加工，但是为了实现构件之间的连接及装配，CFRP 构件会存在大量的连接孔加工需求，例如一架 F-22 战斗机机翼上有超过 1.4 万个连接孔，一架 F-16 战斗机上有超过 4 万个连接孔，一架波音 747 客机有超过 300 万个连接孔需要加工。孔加工是 CFRP 构件制造中最为常见的加工操作，占加工操作总量的 50%以上[7]。据统计约有 70%的航空航天机体疲劳事故源于结构件的连接部位，而 80%的疲劳裂纹发生于连接孔处[8]，可见构件中孔的加工质量直接关系着高价值装备的可靠性及使用寿命。

CFRP 中两相材料与刀具的切削匹配性能差异较大，在同一切削刃的作用下，容易导致材料切削分离过程的不协调，易产生 CFRP 材料加工表面粗糙度和尺寸精度下降，发生纤维拔出（fiber pull-out）、纤维断裂（fiber fragmentation）、烧伤（burning）、起毛（fuzzing）、毛刺（burr）、撕裂（spalling/splintering)、分层（delamination）等加工损伤，以及严重的刀具磨损，致使加工效率低下等问题出现。树脂对湿热环境极为敏感，湿气的进入会破坏其结构的完整性，加速热力学性能的退化[9]，因此 CFRP 加工过程中无法使用切削液。而碳纤维及树脂材料的热导率低，切削热聚集在加工区域，温度的上升会导致基体材料拉压力学性能的下降甚至融化，失去对碳纤维的支撑和保护作用，进一步加剧加工损伤。其中分层损伤对构件的影响最为严重，易造成构件整体强度的减退，留下不易察觉的安全隐患，严重制约着 CFRP 构件的广泛应用。

CFRP 是由细丝状的碳纤维和树脂基体组成的复合材料，可根据零件的结构、加工零件的数量、质量以及所需纤维的状态、基体的种类等选用不同的成型工艺，但除了注射成型外，大多数成型方法所选用的中间基材都是纤维布、窄带、无序纤维毡等片状材料，中间基材的片状结构在成型过程中基本未遭到破坏，因此 CFRP 零件的内部大多为由树脂黏合的层叠结构材料。碳纤维是直径 7μm 左右的细丝状材料，沿纤维方向的强度极高。成型过程所使用的预浸布、窄带等中间基材是由长纤维平行铺覆制成厚度 0.1mm 左右的片状材料，纤维间通过树脂材料黏合，树脂材料的强度要远远小于碳纤维的强度，因此预浸布、窄带这种由长纤维铺覆制成的片状材料的力学性能与受力方向有关，沿纤维方向的强度极高，垂直于纤维方向的强度较差，像这种在材料不同方向呈现出性能差异的性质被称为各向异性（anisotropy），所以预浸布、窄带使用过程中需要考虑受力方向。

以预浸布、窄带为中间基材经由树脂黏合的叠层材料除各层中间基材存在各向异性外，还会由于各层基材之间起黏合作用的树脂材料强度较低，造成 CFRP 构件厚度方向的力学性能较差，因此 CFRP 构件会在纤维方向、垂直于纤维方向以及厚度方向存在性能差异。CFRP 层合板的层间剪切强度及 90°拉伸强度仅为纤维方向强度的 5%左右。

从业人员通过调整中间基材的铺放方向设计出更符合需求的 CFRP 零件，所有中间基材按相同方向铺放所制成的材料称为单向复合材料（unidirectional composites），如图 2-1(a) 所示。该种材料纤维方向与垂直于纤维方向以及厚度方向的性能差异较大，沿纤维方向的抗拉、抗压能力极强，其他方向性能较差，因此多用于单一方向受力的场景。中间基材按不同方向铺放所制成的材料称为多向复合材料（multidirectional composites），如图 2-1(b) 所示。该种材料在基材水平面各方向的性能基本一致，但材料厚度方向的力学性能仍然较差。

CFRP 的结构特殊性导致其加工过程中会产生传统均质材料未曾出现过的加工损伤，其中最为典型的是毛刺、撕裂、分层[10-12]。CFRP 加工过程中，纤维未能完全去除而滞留在加工表面的现象称为毛刺。毛刺的存在会影响零件的尺寸精度和表面质量，对装配过程产生影响。CFRP 加工中材料的结构对毛刺损伤的

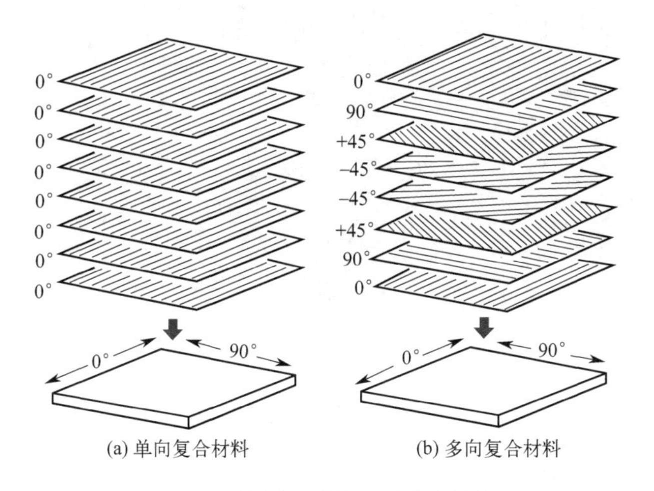

图 2-1　单向复合材料及多向复合材料

形成具有重要的影响，在 CFRP 加工过程中，树脂受到加热或压力的作用，可能会发生破碎缺失或转变为黏流态，而导致原本束缚在树脂基体中的碳纤维丝失去了基体的支撑，同时由于碳纤维具有较高的强度和刚度，在刀具切削刃的作用下发生了弯曲，而未能及时去除形成了毛刺损伤，由图 2-2 可以发现，孔加工过程中的毛刺主要集中在特定的角度区域中。

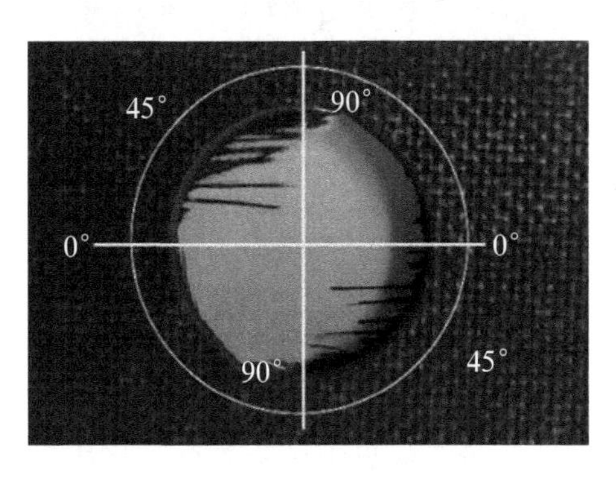

图 2-2　CFRP 毛刺损伤

撕裂是 CFRP 加工中工件表面最常见的损伤形式之一，通常指最外层材料与工件发生分离的损伤形式。加工过程中工件最外层材料缺少支撑，在切削力的作用下作用区域外层纤维产生了脱离工件的趋势，但碳纤维拉伸强度较大，在纤维断裂前纤维承受的拉力沿工件厚度方向的分量大于树脂基体的黏附力，导致纤维脱离基体的束缚从工件表面分离。该现象在最外层材料为单向中间基材的 CFRP 零件中最为明显，如图 2-3 所示。

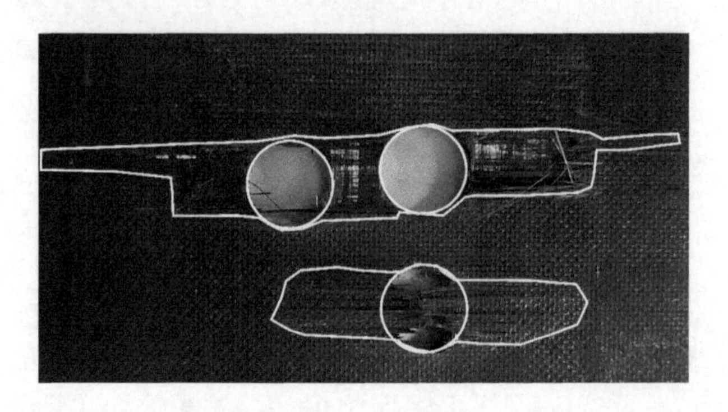

图 2-3 CFRP 撕裂损伤

在所有加工损伤中，分层损伤对材料的影响最为严重。分层损伤将大幅度降低 CFRP 构件的承载能力及抗疲劳强度。常规的 CFRP 层合板依靠树脂基体传递载荷，各铺层之间靠树脂黏结，缺少纤维的增强，因而其抵抗层间脱黏开裂的能力较弱。受限于热固性树脂较低的韧性及玻璃化温度，加工过程中受到刀具产生切削力的作用以及在切削刃与材料摩擦产生高温而导致树脂基的支撑作用下降的影响下，工件内部相邻预浸布间产生了脱胶开裂，形成了分层损伤，如图 2-4 所示。

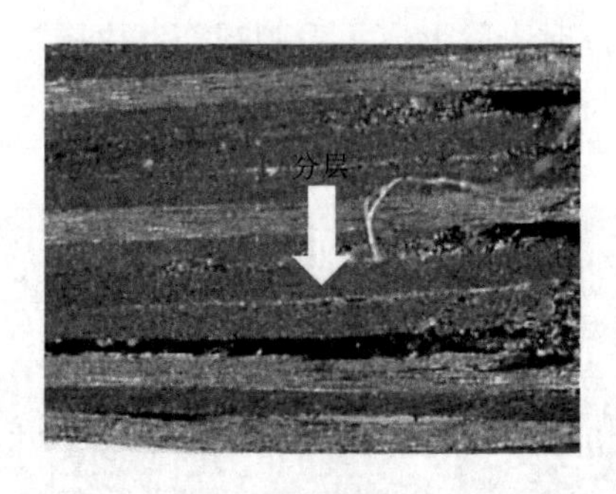

图 2-4 分层损伤

可见撕裂及分层损伤的形成机理是相同的，只是损伤的形成位置有所不同，因此大多数研究中撕裂及分层间的界定较为模糊，将撕裂也作为分层损伤进行研究。

在 CFRP 钻削中材料顶层剥离分层与底层挤推分层最为明显，一般认为钻削加工入口处的剥离分层是由于刀具螺旋槽对顶层纤维产生了向上的推力，致使纤维从基体中剥离发生分层现象。而钻削出口处的挤推分层现象一般被认为是由于刀具横刃的中心部位线速度为零，该区域材料的去除完全是由钻头向下的推力挤出，钻头端部下方的材料将会有与钻头周围材料产生分离的趋势。随着加工的进行，钻头下方剩余材料不断减少，剩余材料抵抗变形的能力不断降低。在某一特定时刻钻头施加的推力超过了材料的层间黏附力，层与层之间发生分离，分层损伤就产生了，这种现象往往发生在钻头完全穿过工件之前的出口处，如图 2-5 所示。

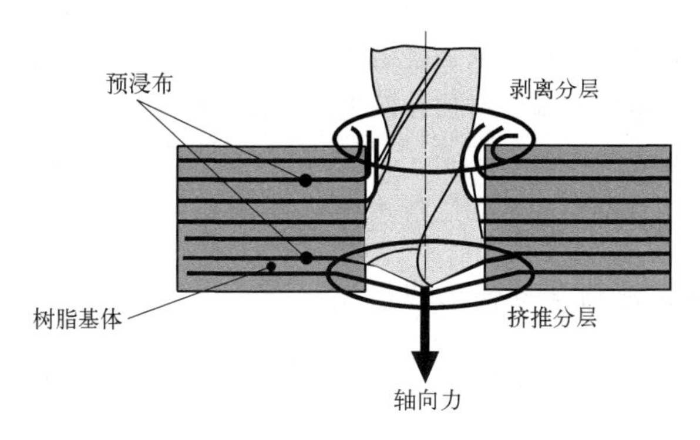

图 2-5 入口及出口处分层现象的产生[13]

材料外部的分层现象可由肉眼进行观察，而内部的分层损伤必须借助仪器或手段进行检测。目前针对损伤的有损检测主要为染色法[14]，无损检测方法可分为非超声检测和超声检测两大类，如表 2-1 所示。

表 2-1 常见无损伤检测方法对比[15]

方法		原理	优点	缺点
非超声检测方法	X 射线	损伤位置会导致透射强度的变化	功率可调，分辨率高	成本高、不易携带、需专业操作人员
	涡流	利用电磁感应，表面或近表面的损伤会引起涡流的变化	成本低、非接触式检测	只可检测靠近表面的损伤，微小损伤检测效率低
	红外热波	损伤位置会产生热辐射差异	效率高、检测面积大、非接触式检测	只用于浅表损伤检测，可能引发损伤
	振动	损伤会引起结构动力特性改变，如模态、振型、固有频率等	大面积检测、复杂结构检测	灵敏度低、在线监测能力弱
	声发射	损伤会引起应变能快速释放而产生瞬时弹性波	成本低、装置轻便、可在线监控	被动检测、需处于应力状态、易受干扰
超声检测方法	超声体波	损伤会引起超声波的反射、透射和波形的转变	便于携带、穿透性好	受波长限制、对微小损伤不敏感、不利于不规则表面检测
	线性超声导波	损伤会引起超声波的反射、透射和波形的转变	检测效率高、成本低、操作简易	具有频散多模态特性、受波长限制、对微小损伤不敏感
	非线性超声导波	声波与损伤相互作用用产生非线性效应	检测效率高、成本低、对微小损伤敏感	具有频散多模态特性、非线性特征幅值较小易受干扰

由于 CFRP 固化成型方式的特殊性，在加工中最外层出现损伤后可以对损伤部位进行补胶固化，材料内部一旦出现损伤几乎无法修复只能做报废处理，这导致加工时间及成本的大幅度增加，而未能检测到的加工损伤为构件的长期服役埋下巨大的安全隐患。因此对提高 CFRP 加工质量及损伤抑制方法的研究是保证 CFRP 构件使用性能、降低加工成本的关键。

2.1.2 CFRP 钻削分层损伤形成机制

CFRP 具有较强的各向异性，材料厚度方向的强度仅为中间基材铺层方向强度的 5%左右，当材料轴向方向受到冲击时，能量需要通过强度较弱的树脂基体进行传递，因此容易在结合强度较低的树脂与纤维之间的界面处产生损伤，同时 CFRP 的制造过程中存在许多不确定因素，可能导致层合板中产生不同形式的缺陷，如孔隙、气孔等。因此 CFRP 孔加工中在刀具轴向力及加工温度的影响下，这些缺陷可能会成为应力集中点，引发分层损伤，致使构件的强度下降。为了研究 CFRP 加工中产生分层损伤的原因，学者们利用断裂力学对 CFRP 钻削分层损伤形成机制进行了研究。

断裂力学是固体力学的一个新分支，它研究的是材料和工程结构中裂纹产生、扩展和断裂的规律。这种学科的基础理论是连续介质力学，并结合材料断裂试验来研究具有初始裂纹或缺陷的材料和构件在受力时的形状及结构的断裂变化。在断裂力学中，裂纹扩展是指材料在受到外部载荷或内部应力作用时，存在于材料内部的裂纹或缺陷在一定的条件下逐渐扩展，导致材料失效或破坏。裂纹扩展是材料失效的主要原因之一，因此对裂纹扩展的研究具有重要意义。

断裂力学中，裂纹扩展主要有如图 2-6 所示的三种裂纹产生方式。

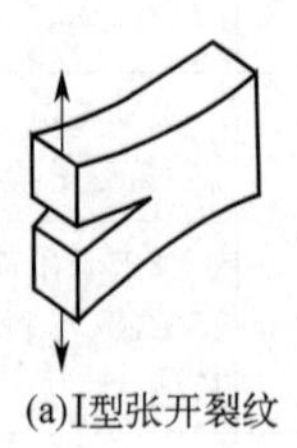

(a)Ⅰ型张开裂纹

(b)Ⅱ型滑开裂纹

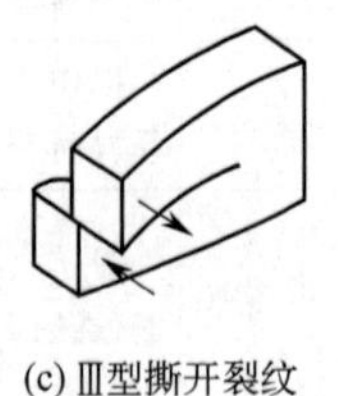

(c)Ⅲ型撕开裂纹

图 2-6 三种裂纹产生方式

(1) Ⅰ型裂纹扩展（mode Ⅰ）

Ⅰ型裂纹扩展是指裂纹面与垂直于裂纹面的应力方向一致的裂纹扩展形式。

这种类型的裂纹扩展与平面应变情况相关，其应力强度因子为 K_{I}。在所受应力超过材料的拉伸强度时，这种类型的裂纹可能会发生。Ⅰ型裂纹扩展通常发生在材料的拉伸应力作用下，如桥梁、建筑物等结构中的疲劳裂纹。在Ⅰ型裂纹扩展中，应力强度因子 K_{I} 是控制裂纹扩展的主要参数。K_{I} 是单位时间内裂纹扩展所需的能量，它的大小直接反映了裂纹扩展的难易程度。当 K_{I} 超过材料的断裂韧性 K_{Ic} 时，裂纹将失稳扩展，导致材料失效。Ⅰ型裂纹扩展在航空、航天、石油、化工等行业中具有广泛应用。

(2) Ⅱ型裂纹扩展（mode Ⅱ）

Ⅱ型裂纹扩展是指裂纹面与垂直于裂纹面的应力方向垂直的裂纹扩展形式。此类型的裂纹扩展与平面应力情况相关，其应力强度因子为 K_{II}。当材料受到垂直于裂纹面的压力时，可能会出现这种类型的裂纹扩展。在Ⅱ型裂纹扩展中，应力强度因子 K_{II} 也是控制裂纹扩展的主要参数。K_{II} 的大小反映了裂纹面的切向应力，当 K_{II} 超过材料的断裂韧性 K_{IIc} 时，裂纹将失稳扩展，导致材料失效。Ⅱ型裂纹扩展在压力容器、管道等承受内压的设备中具有广泛应用。

(3) Ⅲ型裂纹扩展（mode Ⅲ）

Ⅲ型裂纹扩展是指裂纹面与垂直于裂纹面的应力方向平行的裂纹扩展形式。这种类型的裂纹扩展与平面应力情况相关，其应力强度因子为 K_{III}。当材料受到平行于裂纹面的剪切力时，可能会出现这种类型的裂纹扩展。在Ⅲ型裂纹扩展中，应力强度因子 K_{III} 也是控制裂纹扩展的主要参数。K_{III} 的大小反映了裂纹面的剪切应力，当 K_{III} 超过材料的断裂韧性 K_{IIIc} 时，裂纹将失稳扩展，导致材料失效。Ⅲ型裂纹扩展在承受横向剪切力的设备中具有广泛应用，如汽车、飞机等交通工具中的结构部件。

使用断裂力学分析 CFRP 开裂的原因主要有以下两方面。

① CFRP 是一种脆性材料，在受到外部载荷的作用时，如果应力超过了材料的断裂强度，就会发生突然的脆性断裂。因此，使用断裂力学的方法可以预测 CFRP 在受力时的断裂行为，从而避免潜在的开裂风险。

② CFRP 在制造或使用过程中可能会产生初始裂纹，这些裂纹可能会在受到外部载荷的作用时扩展，导致 CFRP 的失效。通过使用断裂力学的方法，可以评估初始裂纹对 CFRP 完整性的影响，预测裂纹的扩展趋势。

根据工件的结构特点，及钻削过程中轴向力的方向，Ⅰ型裂纹是 CFRP 孔加工中分层损伤的最主要形式。Dharan[16] 最早利用断裂力学原理对 CFRP 的分层损伤机制进行了研究，Ho-Cheng 和 Dharan[17] 根据断裂力学中能量平衡原理及 Griffith 理论，建立了裂纹扩展瞬间内轴向力所做的功与材料应变所存储的能量及生成裂纹所消耗能量的关系，该模型为后续的研究奠定了基础。Chiu[18]、Chen[19]、Won[20]、Tsao[21-24]、Lachaud[25] 等学者都在该研究基础上进行了深入的研究，以弥补 Cheng-Dharan 模型中的不足，但其基本思想及出发点是相同的。

Ho-Cheng 和 Dharan[17] 假设加工过程中刀具未穿过工件最底层材料之前，出口处已存在初始裂纹，在刀具轴向力的作用下裂纹即将发生扩展，刀具的轴向运动导致底层材料发生了弹性变形，并导致裂纹面积发生改变，根据断裂力学中能量平衡原理及 Griffith 理论认为刀具轴向进给所做的功一部分存储在底层材料的应变能中，另一部分用于生成新的裂纹

$$G_{\mathrm{IC}}\mathrm{d}A = F_{\mathrm{A}}\mathrm{d}X - \mathrm{d}U \tag{2-1}$$

式中 G_{IC}——单位面积裂纹的能量释放率，$\mathrm{J/m^2}$；

A——裂纹增加的面积，$\mathrm{m^2}$；

X——刀具运动的距离，m；

U——系统本身总应变能的变化量，J；

F_{A}——导致裂纹扩展的最小轴向力，N。

裂纹面积的变化量 $\mathrm{d}A$ 为

$$\mathrm{d}A = \pi(a+\mathrm{d}a)(a+\mathrm{d}a) - \pi a^2 = 2\pi a\,\mathrm{d}a \tag{2-2}$$

式中 a——裂纹半径变化量，m。

将刀具对底层材料的作用力近似为作用在圆形板上的集中载荷，则材料存储的应变能为

$$U = \frac{8\pi M X^2}{a^2} \tag{2-3}$$

式中 M——抗弯刚度。

$$M = \frac{Eh^3}{12(1-\nu^2)} \tag{2-4}$$

式中 E——杨氏模量；

ν——泊松比；

h——剩余材料厚度，m。

刀具的位移可表示为

$$X = \frac{F_{\mathrm{A}} a^2}{16\pi M} \tag{2-5}$$

将式(2-2)～式(2-5) 代入式(2-1) 中，即可获得引发裂纹扩展的临界轴向力

$$F_{\mathrm{A}} = \pi\sqrt{32 G_{\mathrm{IC}} M} = \pi\left[\frac{8 G_{\mathrm{IC}} E h^3}{3(1-\nu^2)}\right]^{\frac{1}{2}} \tag{2-6}$$

根据临界轴向力的结果，我们可以发现剩余材料厚度是对钻削过程中的临界轴向力影响最为显著的因素。这意味着，在钻削过程中，当剩余材料厚度较小时，钻头容易引起材料上下表面的变形，导致分层损伤。这也解释了为什么分层损伤大多发生在材料的上下表面。同时，这也提示我们可以根据剩余材料厚度来调整钻削参数，以减少分层损伤的发生。

Tsao 通过对模型中应力作用的形式及材料变形存储应变能的方式进行修改，建立了磨损钻头的临界轴向力模型[26]，阶梯钻临界轴向力模型[23]、烛台钻临界轴向力模型[27]、套料钻临界轴向力模型[28]、改进套料钻临界轴向力模型[28]、有预制孔条件下麻花钻临界轴向力模型[22]、有预制孔条件下锯齿钻临界轴向力模型[24]、有预制孔条件下套料钻临界轴向力模型[29]。

韩国学者 Jae[30] 对 CFRP/Al 叠层材料钻孔中，两种材料的结合面处由Ⅲ型裂纹引发的加工损伤进行了研究。CFRP 钻削中由于底层材料缺少支撑，在剩余厚度较小时，加工轴向力会超过临界轴向力引发分层损伤，在 CFRP/Al 叠层材料钻削中，下层铝板为 CFRP 的底层材料提供支撑，因此由Ⅰ型裂纹引发的分层损伤的概率大大降低，但由于钻削过程中热的积累以及由 CFRP 钻入铝板时转矩及加工温度的迅速升高引发了两种材料的结合面处由Ⅲ型裂纹引发的加工损伤，如图 2-7 所示。

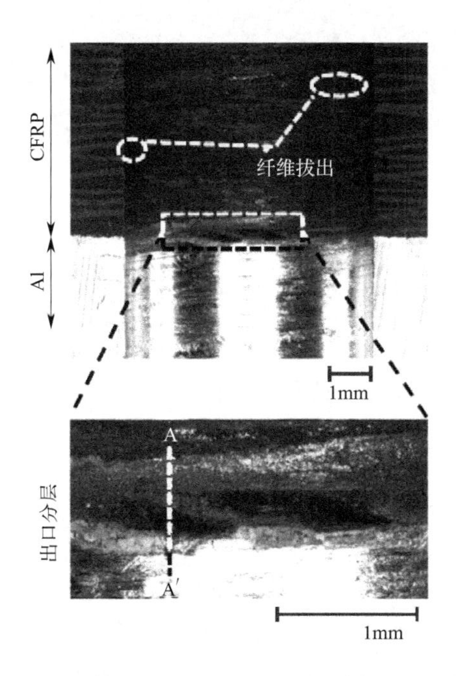

图 2-7　两种材料的结合面处由Ⅲ型裂纹引发的加工损伤

Jae 同样根据断裂力学中能量平衡原理及 Griffith 理论，建立了裂纹扩展瞬间内转矩所做的功与材料应变所存储的能量及生成裂纹所消耗能量的关系，建立了引发Ⅲ型裂纹的转矩计算方法。

目前关于 CFRP 加工中由Ⅱ型裂纹所引发的加工损伤还未有可参考的文献资料，也未找到由Ⅱ型裂纹引发 CFRP 孔加工损伤的直接证据。但在对 CFRP 材料进行高速冲击实验中发现，由于在冲击方向内，不同方向铺层材料的变形能力不同，在冲击作用下不同方向铺层产生了不同的变形量，引起工件内部层间出现平行于冲击方向的内力。当变形量达到一定程度时，层间内力大于基体强度，造成基体失效形成由Ⅱ型裂纹引发的分层现象。

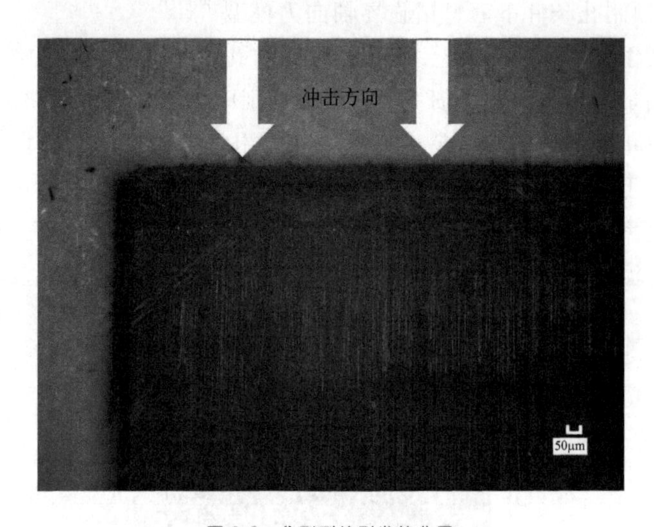

图 2-8 Ⅱ型裂纹引发的分层

2.2 CFRP 切削机理国内外研究现状

为了解 CFRP 的加工性能及损伤产生机理，大量国内外专家从切削力、切削热、表面质量等方面对 CFRP 加工机理进行了研究。

2.2.1 CFRP 加工切削力研究

纤维增强材料的物理性能、力学性能具有明显的各向异性，单向 CFRP 切削过程中这一特性表现得尤为显著，不同纤维方向角下的切削力存在明显差异。Everstine[31] 于 1970 年开展了最早的碳纤维切削性能研究。Zhang[32,33] 对 CFRP 加工过程中的切削力进行了深入研究，认为其切削过程与金属相似，切削力是剪切滑移区、压缩区、回弹区受力的合力，并在水平与垂直方向对各分力分别建模，再将其合成为主切削力。通过验证试验证明了该模型能准确预测纤维方向角对切削力变化趋势的影响，该研究为 CFRP 切削力建模提供了新的方向。王奔[34] 研究了纤维方向角及刀具前角在 CFRP 加工过程中对纤维受力及破坏的作用机理，揭示了复合材料加工过程中切削力及切削热对制孔损伤的影响机制，并研究了不同刀具及加工工艺在 CFRP 加工中的优劣性，提出了采用低摩擦系数的金刚石刀具、螺旋铣削及低温气体冷却的综合加工方法以提高加工质量。

Gavalda 等[35] 对陶瓷基 CFRP 的切削过程进行了研究。在切削力测量的基础上引入了加速度传感器以及高速摄像系统，对切削过程中切削力、震动以及切屑的成型过程进行观察，发现沿不同纤维方向以及不同的切削深度加工时，切屑的成型机理是不同的，并利用断裂力学对该现象做出了解释。蔡晓江等[36] 通过直角自由切削实验对单向 CFRP 的各向异性进行研究，得到了不同切削参数条件下形状为“鸽”形的切削比能图谱，如图 2-9 所示。

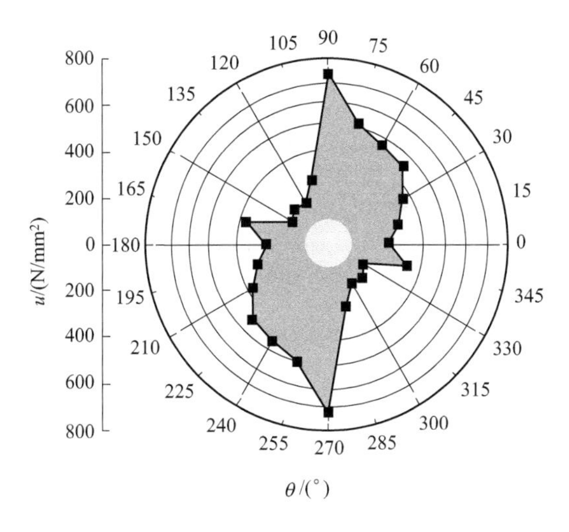

图 2-9 纤维角度对切削比能的影响

通过对比发现切削速度及切削深度的改变对 CFRP 的加工性能产生影响。随着切削速度的提高，材料的切削性能得到改善、切削能耗降低，而在切削速度高于 200m/min 时，能耗图谱会变得“饱满”，即各向异性减弱。随着切削深度的增加能耗图谱会逐渐变得“瘦小”，即切削能耗降低但各向异性增强。

陈能[37] 通过计算机仿真的方法对不同纤维方向下 CFRP 的切削过程进行研究。采用不同的模型对碳纤维、基体及界面相进行模拟，建立了复合材料微切削三维仿真模型，并采用不同的切削参数进行加工仿真，得到了切削深度与切削力间的影响趋势。Niu 等[38] 采用微观力学模型研究了 CFRP 去除机理，提出了从微观到宏观的切削力预测模型。在微观尺度下，利用弹性地基梁模型建立了正交切削 CFRP 时纤维剪切的微观力学模型，分析了切削刃作用下纤维在基体材料约束中的变形和破坏过程。利用特征切屑长度建立了从微观到宏观的切削力跨尺度预测模型。Yigit Karpat 等[39] 使用聚晶金刚石刀具以不同的切削速度、不同纤维方向以及不同刀具螺旋升角进行了 CFRP 铣削实验，通过对实验数据的分析建立了利用正弦曲线拟合的 CFRP 切削力预测模型，该模型能够很好地预测铣削过程中的切削力，并指出在槽铣加工中相比于 0°/90°，在 45°/135°纤维方向角可获得更小的切削力。Wang[40] 通过正交切削实验对单向复合材料切削过程中刀具前角、纤维角度对可加工性的影响进行了研究，实验结果表明单向层合板具有显著的各向异性，切削过程中纤维的取向对 CFRP 零件的表面粗糙度、亚表面损伤、切削力有着显著的影响，纤维角度及刀具前角对切削力的影响如图 2-10 所示。

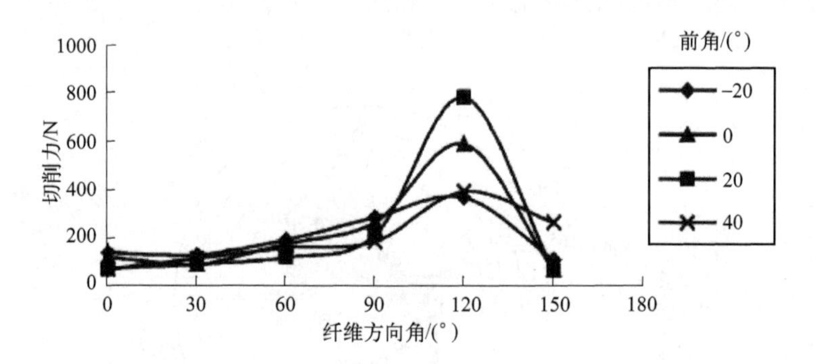

图 2-10 纤维角度及刀具前角对切削力的影响

由以上文献可知，专家学者对 CFRP 在切削过程中切削力存在各向异性这一特点开展了大量的研究，通过模型法、实验法、仿真法以及各种理论对不同纤维方向角下纤维的破坏过程进行解释，可见 CFRP 切削过程力学特征与常规均质材料存在较大的差异。

2.2.2 CFRP 加工质量研究

受到各向异性以及结构特性的影响，CFRP 加工中表面质量、加工损伤的问题较为严重。Wang[40] 通过正交切削实验研究了不同的纤维方向角、不同的刀具前角、不同的切削深度对 CFRP 切削时切削力、表面质量的影响，发现了刀具的前角对表面质量的影响较小，如图 2-11(a)、(b) 所示，而纤维方向角对表面质量的影响较为明显，并且在纤维角大于 90°时，第三变形区的回弹现象要更加明显，如图 2-11(c)、(d) 所示。同时固化条件会对单向 CFRP 的力学性能产生影响，而对切削性能的影响并不显著。

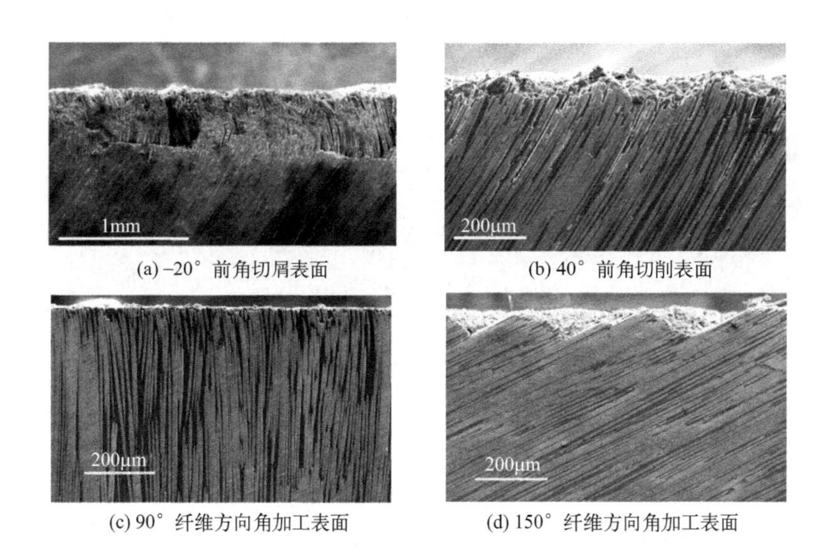

(a) −20° 前角切屑表面 (b) 40° 前角切削表面

(c) 90° 纤维方向角加工表面 (d) 150° 纤维方向角加工表面

图 2-11 直角切削中前角及纤维角度对表面质量的影响

Wang 等[41] 对 CFRP 铣削过程中产生毛刺的现象进行了研究，在对 CFRP 进行钻削加工时，发现毛刺现象总是发生在固定的角度范围内，而在铣削过程中毛刺现象总是在某些固定的纤维方向角发生，如图 2-12 所示。因此他指出真正引起毛刺现象的是纤维剪切角而不是纤维方向角，并指出刀尖半径以及铣削加工时的切削方向也是毛刺产生的重要影响因素。

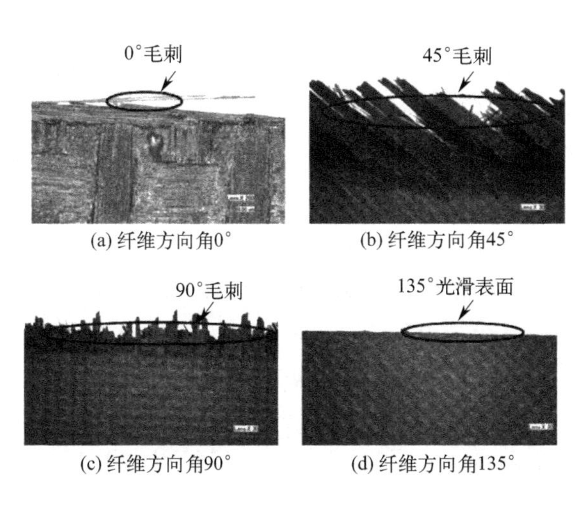

(a) 纤维方向角0° (b) 纤维方向角45°

(c) 纤维方向角90° (d) 纤维方向角135°

图 2-12 铣削中纤维剪切角对表面质量的影响

Li 等[42] 在对多向 CFRP 钻削加工中发现孔壁质量与铺层方向有关，无论切削参数和刀具条件如何，在铺层方向为 135°时，大概率会出现沟槽、微坑形式的表面缺陷，如图 2-13 所示，而在其他方向的铺层中这些表面缺陷出现概率较低。

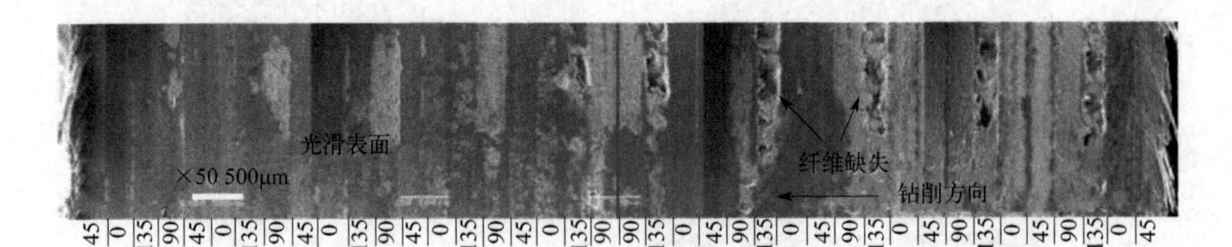

图 2-13 钻削中材料铺覆方向对孔壁质量的影响

使用传统金属材料的表面质量检测及评定方法不能真实地反映 CFRP 工件表面加工质量。周鹏[43] 对 CFRP 切削表面粗糙度测量问题进行了研究，通过对采样条件的研究及应用非接触式激光测量，得到了较好的表面形貌评定效果。

综上可知，CFRP 材料的各向异性不仅对切削过程中的力学特性产生了作用，还影响了表面加工质量，在细观尺度上纤维角度会对表面质量以及亚表面损伤的深度造成影响，在宏观尺度上各向异性体现为在特定的纤维角度下加工表面会出现毛刺、微坑等加工损伤，可见在 CFRP 加工中获得符合要求的表面质量还存在一定困难。

2.2.3 CFRP 加工切削温度研究

金属材料加工中切削热是加剧刀具磨损、引发加工表面质量下降、烧伤的直接原因。对于切削温度的研究最早的记录可以追溯到 20 世纪初，在一百余年的时间里学者们从实验研究与理论研究两个方面对金属材料加工温度进行了大量的探索。关于切削温度的研究最早的记录可以追溯到 1907 年，Taylor[44] 研究了切削速度对刀具寿命以及切削温度的影响。在对切削温度的早期研究中实验数据主要是通过实验测量法获得的，如热电偶、热显色法、红外图像等，实验测量法大多是不可重复的，研究过程耗时且成本高昂。因此数学模型和解析模型应运而生，在 20 世纪 40 年代产生的移动热源模型的基础上，基本确立了切削热模型的原型，经过多年研究该解析模型已经具有了预测工件温度大小和分布的功能，并且已经应用到许多工程领域。

为了更准确地预测切削温度，Komanduri[45-47] 研究了切削过程中剪切平面和刀屑界面产生的热量，并计算了刀屑界面处的温度场分布。Berliner 等[48] 提出了一种综合考虑三个切削变形区产生的热量和傅里叶方程求解的冷却解析模型，理论结果显示了良好的预测效果。通过将切削刃和时间历程离散为微元，

Sen 等[49] 简化了刀具的运动过程，建立了考虑后刀面磨损的端铣加工温度预测模型。该模型的精度高于传统解析模型，且预测效率高于有限元模型，使以切削温度为优化目标的切削参数优化成为可能。Zhang 等[50] 在热源法的基础上提出了一种预测涂层刀具前刀面温度分布的解析模型，并讨论了涂层刀具、工件摩擦系数等参数对涂层刀具温度分布的影响。Richardson[51] 在研究工件温度的大小和分布时指出，提高切削速度或进给速度可以减少传递到工件的热量。基于第一、第二热源界面热分布不均匀的特点，Huang 等[52] 提出了一种新的切削温度分析模型，该模型有效提高了切削温度的预测精度。随着计算方法以及计算能力的提升，有限元方法（finite element method，FEM）被广泛应用到切削温度计算中[53-55]。有限元方法由于计算量巨大往往会花费大量的时间，并且有限元方法的准确性受到材料本构方程准确性的制约。20 世纪 60 年代，Dutt[56] 用有限差分法求解了传热微分方程，取得了良好的预测效果。随着计算机计算能力的增强，有限差分法可以高效、准确地对微分方程求解。

最为常见的 CFRP 基体材料为环氧树脂，其玻璃化温度较低，约为 170℃，无法在高温环境下使用，如 F-22 战斗机的机翼为应对超音速飞行中机翼与空气摩擦产生的高温使用了双马来酰胺基体的 CFRP，但其玻璃化温度也仅为 250℃左右。CFRP 加工过程中的切削温度要远低于金属材料的切削温度，但依然极易超过其玻璃化温度对加工质量产生严重影响，同时由于加工过程中使用常规切削液会破坏 CFRP 构件的结构强度，使用低温气体冷却又会导致粉末状碎屑飘浮在空气中，对环境及操作人员的健康产生不利的影响，所以在 CFRP 加工中无法使用常规的降温措施，大多采用干切削，因此对 CFRP 的加工温度进行研究具有重要意义。切削过程中切削热的产生机理和热扩散过程一直是切削过程加工温度的研究重点，但由于 CFRP 还未能像金属材料般得到广泛的应用，且应用时间较短，与 CFRP 相关的加工温度研究还处于起步阶段。

Wang 等[57] 通过在钻头中嵌入热电偶对 CFRP/Al 孔加工中切削力、钻削温度、孔径和表面质量进行了研究，发现主轴转速的升高会导致加工温度的上升，进给速度的增加会导致加工温度的减小，而过高的加工温度还会导致表面质量的下降。Wang 等[58] 利用热电偶对 CFRP 铣削过程中的切削温度进行了研究，通过响应曲面法研究了 CFRP 铣削时切削参数、切削温度、切削力之间的影响关系，指出切削速度对切削温度的影响最为显著。Wang 等[59] 利用热电偶对 CFRP 钻削温度进行了测量，发现当加工温度超过树脂材料的玻璃化温度（T_0）后，CFRP 的剪切强度及抗变形能力会减弱，当加工温度低于脆性变形上限温度（T_b）时切削力较大，因此指出 CFRP 的最佳钻削温度是介于 T_0 与 T_b 之间。Yashiro 等[60] 通过使用热电偶、半人工热电偶、红外热像仪对 CFRP 铣削过程中的切削温度进行了测量，发现铣削过程中切削速度对切削温度有着重要的影响，在切削速度较低时（0～50m/min）切削温度会随着切削速度的提高而增大，当切削速度达到100～300m/min时，切削温度基本不再发生变化，并且加工表面的树脂基体没有发生损伤。使用热电偶对加工区域进行温度测量是当前应用较为广泛的一种方式，如图2-14所示。

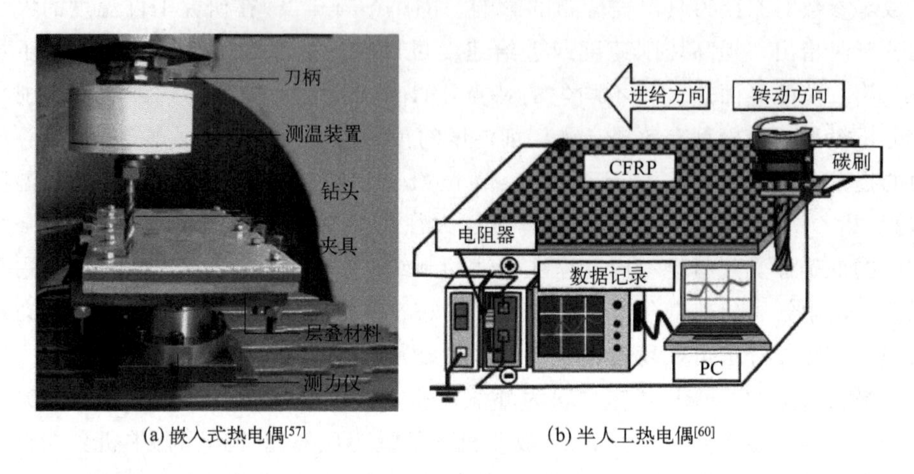

(a) 嵌入式热电偶[57]　　(b) 半人工热电偶[60]

图 2-14　热电偶测量加工温度

刀具嵌入式热电偶具有便捷、适用性强的优势，但其测量结果只反映加工过程中刀尖热电偶安装位置的温度。工件内嵌入式热电偶在侧铣、钻削中应用较为广泛，但其对安装位置要求较高，可重复性差。半人工热电偶要求被测物体具有一定的导电能力，适用于无法安装热电偶或红外热像仪无法直接拍摄的场景，但其只能反映加工区域内的最高温度，且使用前需对被测物体进行标定。

红外热像仪是一种利用光电设备测量物体的红外辐射，建立辐射量与表面温度之间关系的测温仪器，具有非接触、灵敏度高、测量范围广等优点，但其只适用于物体表面温度的测量，如图2-15所示。

Zhang等[12]利用红外热像仪、测力仪、高速摄像机对多向CFRP材料钻削过程进行了研究，通过对轴向力和孔出口温度与孔出口表面损伤形成的综合影响的具体分析，得出了轴向力和孔出口温度的适宜范围，并以出口温度为训练对象，利用神经网络建立了CFRP钻孔出口温度预测模型。Merino-Perez等[61]对CFRP钻削过程中的切削力和转矩进行了研究，并使用红外热像仪对加工过程中的切屑温度进行了测量，并以此反应孔内的加工温度，发现在加工5个孔后切屑的温度达到了稳定状态。Chen等[62]利用光纤温度传感器对CFRP超声震动辅助磨削中的加工温度场进行了研究，发现受到CFRP导热能力较弱和各向异性的影响，同一截面内的温度分布呈椭圆形，刀具的粒度以及磨削参数对加工温度都有着重要的影响。

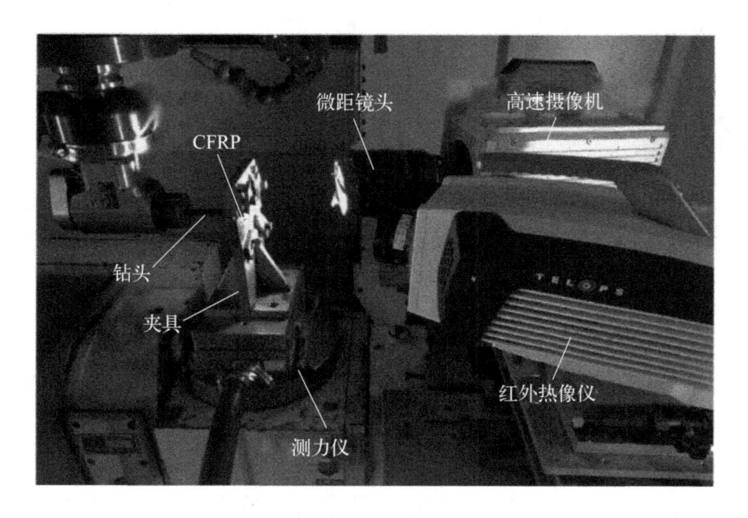

图 2-15　红外热像仪测量加工温度

Ha 等[63] 发现 CFRP 在高速切削过程中，切削温度随切削速度的增加而升高，而切屑由粉末状变为剥落状，当加工温度超过基体玻璃化温度时，切削力将不再随着主轴转速而发生变化，同时熔融的基体组织会伴随着碳纤维碎屑附着在刀具表面。Liu 等[64,65] 对 CFRP 螺旋铣削制孔中的切削温度进行了研究。将刀具分为底部及侧表面两个独立热源，通过推导建立了螺旋铣削中切削力与切削热的预测模型，实验证明该模型的准确性较高。研究发现螺旋铣削中轴向切深对切削温度影响最明显，而切削速度及每齿进给量影响相对较弱。Wang 等[66] 探究了切削热对 CFRP 钻削质量的影响，通过加工不同温度工件并对表面加工质量进行检测，结果表明随着温度的升高，工件的刚度开始降低，同时出现了分层、横向裂纹，出口处出现了大面积撕裂。Jia 等[67] 研究了切削区域温度对多向 CFRP 加工中切削力、表面完整性、亚表面质量的影响，发现高温下纤维弯曲断裂导致了亚表面损伤，低温下基体可以为纤维提供更好的支撑，获得更好的加工质量。

从以上研究可以发现，CFRP 加工中大多采用干切削，但是加工温度对 CFRP 的制孔质量有着重要影响，因此对 CFRP 工件加工过程中的温度场分布及降低加工温度的方法研究具有重要意义。然而由于 CFRP 的应用远不如金属材料广泛，对于 CFRP 切削热的研究大多还停留在实验测量的方法上，对 CFRP 加工温度的预测研究较少。

CFRP 常用加工工艺

CFRP 构件实际应用中，为满足装配要求，需通过大量的铆接和螺栓连接，因而制孔工艺是 CFRP 构件制造中最常用的加工技术。由于 CFRP 的强各向异性，其切削加工机理不同于金属材料，在制孔过程中，极易发生一系列缺陷，从而造成构件整体强度的减退，严重制约着 CFRP 构件的广泛应用。同时，由于碳纤维硬度高，制孔过程中刀具磨损也较为严重，致使加工效率低下。因此，为了实现 CFRP 高质高效制孔，CFRP 制孔技术的研究一直是国内外研究热点，也是制造领域公认的难题。

3.1 CFRP 钻削工艺

目前飞行器的主要结构件依然采用铝合金、钛合金等轻质金属制作，为了进一步减轻飞行器的质量，飞行器的蒙皮一般采用较薄的材料制作。但是铝合金和钛合金的焊接性能相对于钢材来说较差，容易出现砂眼、气泡、微裂纹等焊接缺陷，因此无法像焊接钢材一样获得光滑、质地均匀的焊缝。同时，在飞行过程中，飞行器表面受到的冷热不均和受力不均极容易在焊接处产生裂纹，这些裂纹会导致飞行器的疲劳断裂，从而对飞行器的安全造成威胁。因此，在飞行器蒙皮及结构件的连接中，通常采用铆接或螺栓连接的方法来避免焊接带来的问题。铆接和螺栓连接的工艺操作简单、强度高、可靠性强，而且便于拆卸、易于维修。但是，这两种连接方法都需要加工大量的连接孔，用于进行装配。在当前的航空航天领域中，CFRP 正在逐渐代替传统金属材料铝，成为制作飞行器蒙皮及结构件的主要材料，因此会产生大量的连接及装配作业，需要加工大量的连接孔。

3.1.1 CFRP 钻削切削力研究

用于装配的铆接孔尺寸一般较小，钻削仍然是 CFRP 构件中小尺寸孔加工的最主要工艺。

(1) 钻削力特性

钻削技术是孔加工的一种基本方法，通常在钻床、镗床或铣床上进行，麻花钻是钻削中最主要的切削工具，在其转动的同时沿刀具的轴向进行进给运动，以在工件上加工出与刀具直径相同的孔。CFRP 构件大多使用数控设备进行孔加工，也存在装配过程中使用手持设备进行孔加工的情况。

图 3-1 记录了 CFRP 钻削过程中切削力及转矩随刀具位置的变化趋势[68]。

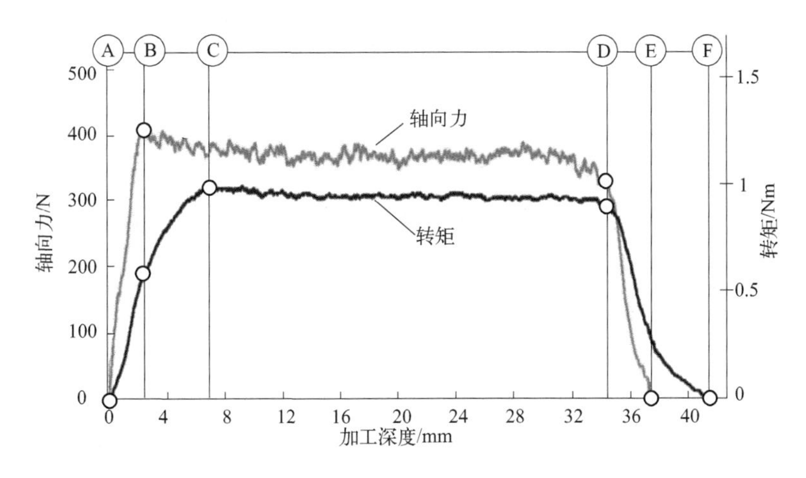

图 3-1 CFRP 钻削过程切削力及转矩变化趋势

根据刀具位置、切削力及转矩的变化可将 CFRP 钻削过程分为 5 个典型阶段，阶段 A～B 中为钻头的横刃进入工件到刀具主切削刃完全进入工件这一过程，此阶段中轴向力快速升高至整个加工过程的最大值，转矩也在不断增加，该过程耗时的长短取决于刀具前端的几何形状。阶段 B～C 为钻头主切削刃进入工件到一定长度的副切削刃进入工件，此阶段中轴向力趋于稳定，由于孔壁材料回弹与钻头副切削刃产生刮擦，导致转矩继续增加。阶段 C～D 为稳定切削阶段，由于剩余厚度的不断减小及工件温度的升高，底层材料发生轻微变形，轴向力出现小幅度缓慢下降，转矩趋于稳定。阶段 D～E 为钻头的横刃及主切削刃穿过工件最底层材料的过程，该阶段中轴向力迅速下降至 0，转矩开始下降但并未完全消失。阶段 E～F 为钻头继续沿轴向进给，副切削刃与孔壁发生刮擦逐渐减弱直至转矩消失的过程。

钻削过程中麻花钻围绕刀具轴线转动，主切削刃上各点的切削速度不同，靠近副切削刃位置的点切削速度较高，距离回转中心较近的位置切削速度低，位于钻头端部回转中心处的横刃钻削过程中切削速度接近于0，且横刃具有较大的负前角，在CFRP切削过程中以挤压的形式破坏横刃下方的材料，导致刀具轴向力较大，有研究证明横刃产生的轴向力占麻花钻产生轴向力的40%以上[69,70]。CFRP构件的层间强度较低，钻削过程较大的轴向力是引起分层损伤的直接原因，因此CFRP钻削加工中降低钻削轴向力是提高加工质量的重点突破方向。

(2) 切削参数对钻削质量的影响

切削加工中，切削参数是影响加工质量的关键因素。在钻削加工中，可控的切削参数主要包括主轴转速和每齿进给量。主轴转速对刀具主切削刃上各点的切削速度有着直接的影响，而每齿进给量则直接影响着切屑的厚度。这些参数的选择和调整对于优化加工效果和提升产品质量至关重要。在切削过程中，切削参数的合理选择和调整可以有效地提高加工效率、降低加工成本、提升产品质量和延长刀具使用寿命。

CFRP钻削过程中在较低的主轴转速下由于不能将纤维快速切断而容易引起纤维拔出的现象，较高的主轴转速会导致刀具与工件侧壁快速摩擦产生了大量的热而导致了基体的烧伤。随着主轴转速的进一步提高，高温导致了基体失效纤维失去了束缚，在切削刃的作用下未能有效地去除而引发了毛刺现象。较高的主轴转速在导致钻头前刀面温度升高的同时，还会对分层损伤产生的概率产生巨大的影响，实验结果及统计数据均显示，分层系数会随着切削速度的增加而增加，也就是在较高的主轴转速下CFRP分层损伤将更加严重[71]。图3-2所示钻削中切削参数对分层的影响[71]，显示随着切削速度和进给速度的增加，都会导致分层系数的增加。

Krishnaraj等[72]对CFRP层合板高速钻削加工参数的研究中发现主轴转速会对孔的圆度产生影响，并在20000r/min下获得了最佳效果，同时还发现较高的主轴转速可以降低钻削加工中的轴向力。

在钻削中，进给速度对轴向力及转矩的影响要比主轴转速更加明显，在CFRP加工中进给速度的增加会导致轴向力及转矩的增加，前刀面温度上升，进而入口处剥离分层、出口处挤推分层增加，孔壁表面质量下降。CFRP钻削入口处的剥离分层是由于材料在钻头螺旋槽的影响下产生了与刀具进给方向相反的运动，从而与表层材料发生剥离形成分层损伤，钻削过程中进给速度直接影响切屑的厚度，随着进给速度的增加，切屑增厚，切屑的强度及韧性显著增加而更难以折断形成碎屑，进而增加了入口剥离分层的概率。研究发现[73]进给速度对主轴

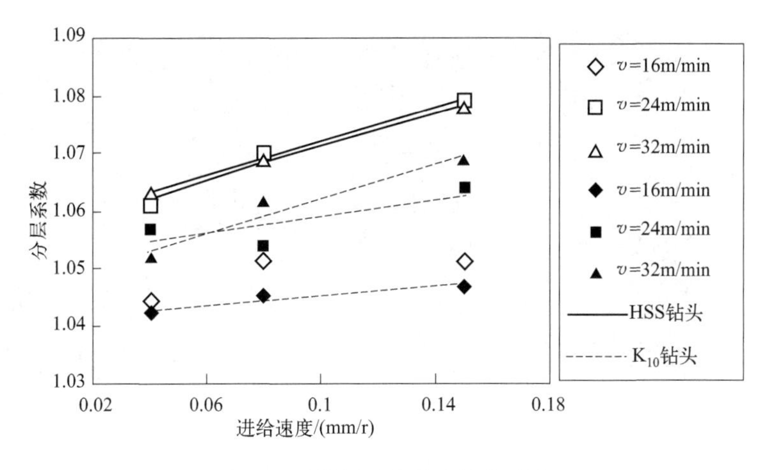

图 3-2 钻削中切削参数对分层的影响

功率以及单位面积切削压力的影响较大，这会导致钻削过程中横刃产生更大的轴向力进而增加 CFRP 分层损伤的可能。钻头磨损后横刃及主切削刃的后刀面磨损量增大，变相增大了横刃的面积，因此，较高的进给速度会放大刀具磨损对轴向力的有影响[74]，进一步加剧分层损伤的可能。

3.1.2 CFRP 钻削加工切削热研究

构成 CFRP 的碳纤维碳化温度在 1000℃ 以上具有极佳的耐高温性能，但作为基体的树脂材料大多为热固性树脂，其使用温度较低，当加工温度超过其玻璃化温度后基体材料转变为黏流态对碳纤维的束缚能力减弱，进而增加加工损伤的可能。在传统金属材料的加工过程中，通常切削温度较高，但金属材料的耐高温性能要优于 CFRP，加工后温度对材料性能的影响较小，并且可以通过适当的方法如使用切削液、低温空气进行冷却。CFRP 加工过程产生的切削热容易对材料的可加工性造成影响，产生不可修复的损伤。

碳纤维复合材料不仅在切削力、表面质量等方面存在强各向异性，其热力学性能也存在明显的各向异性，碳纤维的导热能力要弱于大部分金属材料，但明显优于大多数非金属材料，这就导致了由预浸布、织物为中间基材的 CFRP 在纤维方向的导热能力要优于其他方向。图 3-3(a) 记录了单向层合板由于铺层方向的原因，热量沿纤维方向传递较快，在铺层内垂直于纤维方向传递较慢而形成了椭圆形温度场。图 3-3(b) 记录了多向层合板由于预浸布采用多角度铺覆从而减小了因不同组分热量传递性能的差异所引起的各向异性，形成了圆形的温度场。

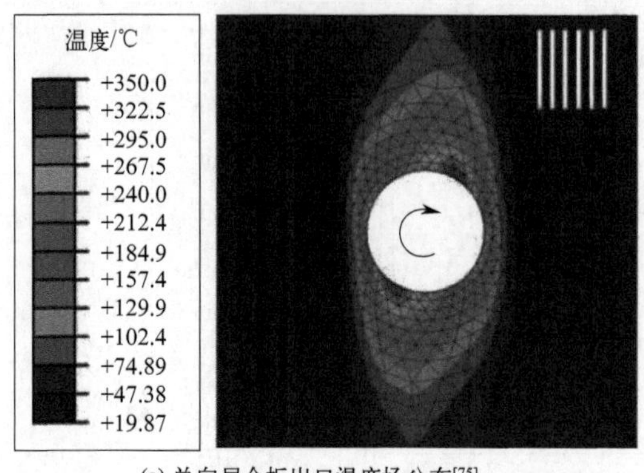

(a) 单向层合板出口温度场分布[75]

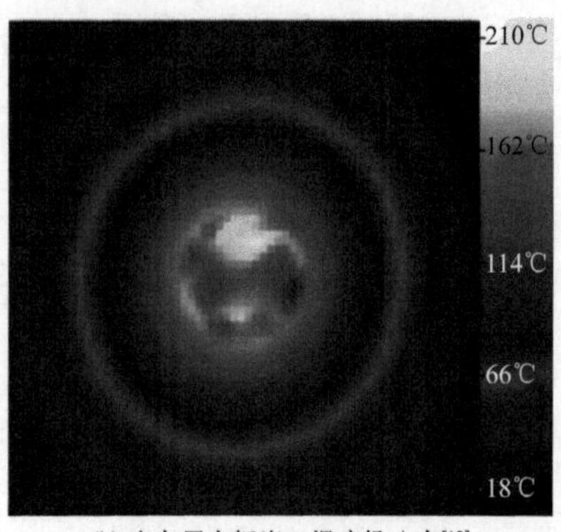

(b) 多向层合板出口温度场分布[12]

图 3-3 单向层合板及多向层合板钻削的出口温度场

多向层合板采用多角度铺覆而削弱了铺层方向内热量传递的各向异性，但无法消除 CFRP 厚度方向与铺层方向热量传递的性能差异。同时由于碳纤维及树脂基体的比热容比较低，这造成了 CFRP 是一种热导率低、比热容低、密度低的材料，加工过程中切削热无法快速地向材料内部扩散，聚集在加工区域周围形成较高的温度梯度。图 3-4 记录了 CFRP 钻削过程中的轴向力及出口温度的变化趋势[12]，可以发现出口处的温度变化严重滞后于轴向力的变化，CFRP 加工过程中高温区域集中在切削区域附近，出口在极短的时间内温度快速上升至最大值。

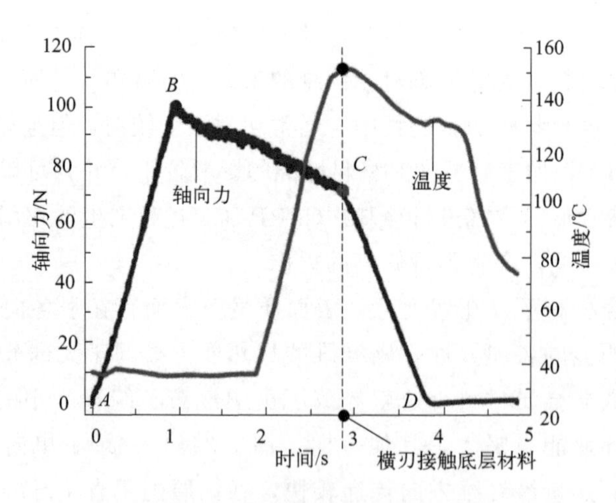

图 3-4 CFRP 钻削中出口温度变化趋势

王奔[34] 在研究钻削不同厚度 CFRP 层合板的轴向力及出口温度的过程中发现了一个特殊现象，在钻削 12mm 及 4mm 厚 CFRP 层合板时，加工 4mm 板材出口的轴向力要明显大于加工 12mm 板材出口处的轴向力。通过分析发现，随着加工的进行，材料中累积的热量造成了加工区域温度的大幅升高，降低了树脂基体及加工区域材料的弹性模量，即材料抵抗变形的能力下降，进而引发了加工中轴向力较小的现象。国内外学者[59]也发现了工件温度会对切削力产生影响的现象，即在相同的切削参数下，较高的工件温度可以降低加工过程中的轴向力，如图 3-5 所示。

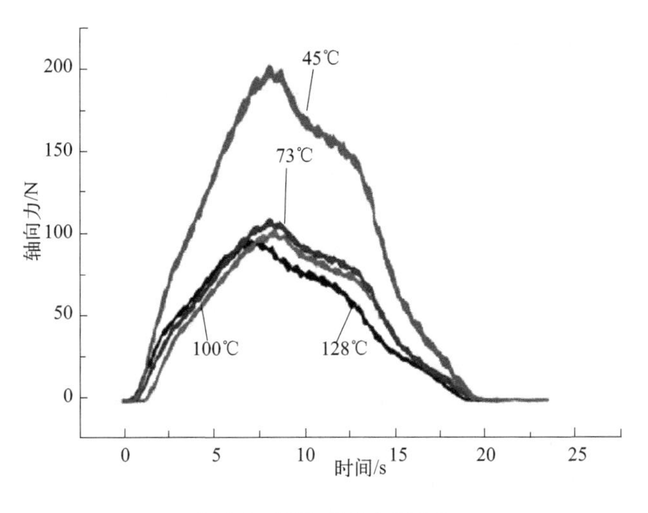

图 3-5　温度对轴向力的影响

3.1.3　刀具磨损

CFRP 孔加工中刀具的快速磨损也是引发加工成本高、加工质量差的主要因素，由刀具磨损导致的轴向力增大是引发分层损伤、微裂纹和其他损伤的主要原因。CFRP 钻削过程中切削温度要远低于金属材料，因此切削热并不是造成刀具快速磨损的主要原因。碳纤维材料的硬度（HRC53—65）与高速钢（HRC62—66）相近，因此在 CFRP 切削过程中硬度较高的碳纤维颗粒与刀具的摩擦是导致刀具磨损的主要原因。学者们从改进刀具材料、刀具涂层种类的角度进行了大量的研究。

Li 等[42]通过使用金刚石涂层刀具在 CFRP 钻削中获得了较好的加工效果，在加工 384 个孔后，涂层的剥落是造成刀具磨损的主要机制，并且后刀面磨损量仅为 123μm。Xing 等[76]应用电镀金刚石套料钻对陶瓷基 CFRP 进行加工，发现安装支撑板可有效地减小分层现象的剧烈程度，而加工参数对轴向力、刀具磨损、制孔质量有着重要影响。Tashiro 等[77]对陶瓷基 CFRP 的钻孔进行了研究，对比了 DLC 涂层刀具、硬质合金刀具、聚晶金刚石刀具的磨损速度，发现

DLC 涂层刀具与硬质合金刀具磨损速度相似，而应用聚晶金刚石刀具可以获得 4 倍于普通刀具的使用寿命，同时 Tashiro 研究了切削速度、切削液、切削力对刀具磨损的影响，发现较高的切削速度及切削液的使用会降低切削力，延长刀具的使用寿命。Montoya 等[78] 对 CFRP 钻削过程中涂层对刀具磨损的影响进行了研究，发现 CFRP 孔加工中磨粒磨损是导致刀具失效的最主要原因。可见 CFRP 加工中使用硬度较高的材料制作刀具或刀具涂层可以有效地提高加工质量及刀具寿命。Iliescu 等[79] 对 CFRP 钻削过程中轴向力及刀具磨损进行了研究，建立了轴向力、切削参数及刀具磨损间的关系模型，发现金刚石涂层刀具对提高加工效率、延长刀具使用寿命有着明显的效果，并根据实验结果给出了能有效减少分层现象产生的刀具参数。

Faraz 等[80] 研究了一种基于刀具刃口半径评价 CFRP 钻削中刀具磨损的创新方式，发现 CFRP 钻削中刀具以一种极少被研究的形式发生磨损，磨损刀具在钻头主切削刃上分布着光滑的磨损面，导致刀具磨损过程中刃口半径的变化成了表征刀具磨损的主要特征。对于具有复杂形状的麻花钻相比于使用传统方法测量后刀面磨损量，测量切削刃的刃圆半径要更加容易。同时实验数据也显示刃圆半径与分层系数的相关性曲线与后刀面磨损量对分层系数的相关性曲线几乎相同。Hrechuk[81] 也发现了在 CFRP 钻削中刀具磨损对刀具刃圆半径的影响，并对不同涂层材料刀具的磨损速度进行了研究，如图 3-6 所示。

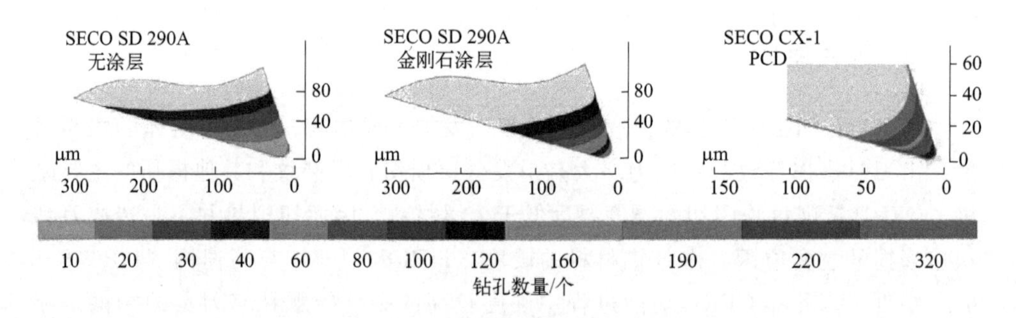

图 3-6 涂层材料对磨损速度的影响

CFRP 钻削中刀具磨损不仅会增加分层损伤的可能，还会对加工精度及表面质量产生影响，Poulachon[82] 在研究钻削 CFRP/Ti 叠层材料中刀具磨损及孔表面形貌的过程中发现钻头的主、副切削刃发生了严重的磨料磨损，同时切削刃边缘的磨损还会影响所加工孔的直径，影响切削温度造成树脂基体的降解。

3.1.4 CFRP 钻削工艺改进

(1) 钻削工艺研究

金属加工中钻头的几何参数对加工过程中轴向力、转矩、加工质量、加工效率具有重要影响。为了探究 CFRP 孔加工中钻头几何参数对加工性能的影响，学者们进行了相关研究。Girot 等[83] 揭示了 CFRP 钻削过程中麻花钻主切削刃上轴向力的分布呈三角形，单位长度切削刃越靠近刀具转动中心，其承受的轴向力越大，并且轴向力的分布状况会随着刀具承受轴向力的增加而愈发集中，同时轴向力的增加速率与进给速度呈线性关系。Abrao 等[84] 使用 4 只形状材质不同的钻头对 GFRP 材料进行钻削加工，研究刀具形状对轴向力的影响，结果表明钻头的顶角对轴向力及加工损伤程度有着重要的影响。Heisel 等[85] 使用顶角为 155°、175°、185°及 178°的钻头进行了相似实验，结果表明刀具顶角度数的增加会导致轴向力、转矩的增加，进而增大出口挤推分层的程度，但大顶角钻头有益于减小入口剥离分层的程度。Chen[86] 通过单因素实验研究了 CFRP 加工中钻头的几何参数及切削参数对加工过程的切削力、切削热的影响规律，发现在加工过程中轴向力及转矩会随着分层现象的发生而产生变化，而加工过程中的轴向力是产生分层损伤的直接原因，并指出刀具的磨损会使分层损伤加剧。

除了刀具的几何形状外，学者们还对 CFRP 钻削工艺进行了研究及改进。Rahme 等[87] 使用小直径钻头在 CFRP 层合板上进行孔加工，建立了一个与麻花钻直径、进给速度呈线性关系的轴向力模型，并基于该模型获得了最小临界进给速度以提高加工质量。Yasar[88] 研究了在恒定进给速度、可变进给速度下使用涂层刀具及未涂层刀具钻削 CFRP 时，进给速度和转速对可加工性的影响，实验结果及统计数据表明，在 CFRP 钻削时采用可变进给速度能有效地降低出口处的分层系数，虽然会影响单个孔的加工效率，但考虑到该方式对尺寸误差、表面质量及出口分层损伤的有益影响，该研究仍是一项有益的尝试。

Edoardo[89] 对 GFRP 钻削中分层损伤的产生过程进行了深入的研究，在研究有无背板支撑条件下出口分层形成过程中指出，大多数分层损伤产生机理的研究只适用于有背板的情况下，而无背板钻削中分层损伤产生机理要更加复杂。他认为在无背板情况下材料在轴向力的作用下发生弯曲变形，当横刃突破底层材料时轴向力快速释放，工件的快速回弹导致实际进给速度瞬间增加引起了分层损伤的发生。基于此，在钻削过程中材料及加工设备之间加装了一套阻尼装置缓解回弹速度，结果证明该装置可有效降低钻削出口处的分层系数。Dharan 提出了一种将力信号、位移信号、振动信号与知识库相结合，自动调节机床私服控制器的智能控制方法，以实现 CFRP 的低损伤加工，实验结果表明该方法可有效提高 CFRP 的孔加工质量。

（2）其他常用钻削刀具

为了寻求最优的 CFRP 孔加工刀具，学者们对不同种类钻削刀具的加工性能进行了大量研究。Xu 等[90] 通过 CFRP 钻削加工实验，对比了不同外形刀具所产生的轴向力、加工损伤、尺寸精度以及刀具磨损，发现合理地选用刀具可以提高高强度 CFRP 的可加工性，并指出针对材料特性设计开发专用刀具对提高加工质量具有重要意义。Faraz 等[80] 对 CFRP 加工刀具进行了研究。通过对比麻花钻、比率钻、三螺旋槽钻及锥形钻加工孔的数量及刀具磨损状态、加工过程的轴向力及转矩，分析了不同刀具特征所产生的加工特点，提出了将刀具切削刃钝化作为评价加工 CFRP 时刀具磨损的评价标准。Su 等[91] 对 CFRP 制孔中扩孔钻的加工过程进行了研究，发现较小的二级顶角结构使刀具具备了扩孔以及加工损伤去除功能。Lazar 等[92] 对不同刀具在加工 CFRP 时的力学特性进行了研究，对锥形钻、八面钻、麻花钻在不同加工参数下的力学特征进行分析，将转矩沿刀具径向分解，将轴向力分解到工件的每一层碳纤维材料上，发现轴向进给速度及刀具形状对每层材料的受力影响最为明显。该研究为以避免分层为目的的切削参数优选提供了理论依据。

Shyha 等[93] 对 CFRP 钻削加工进行了研究，对比了普通麻花钻与阶梯形麻花钻、刀具涂层、刀具顶角、刀具螺旋角、切削速度、进给速度对切削过程中轴向力、转矩、入口处分层率的影响。发现刀具形状及进给速度对轴向力及刀具寿命具有重要的影响，阶梯形刀具可有效地减小加工过程中的轴向力，但会导致入口处分层现象的加剧。Qiu 等[94,95] 对比了麻花钻及不同形状的阶梯钻在加工 CFRP 时的轴向力、转矩、损伤面积，指出相比于麻花钻，阶梯钻具有更好的加工性能，同时阶梯钻第一阶与第二阶切削刃直径的比值会对加工过程中轴向力的变化趋势产生影响。Biermann 等[96] 使用电镀金刚石套料钻对 CFRP 进行了孔加工，获得了良好的加工质量。Butler-Smith 等[97] 使用聚晶金刚石制作的锯齿形切削刃微型套料钻对 CFRP 进行孔加工，发现相比于电镀金刚石套料钻，新型刀具可以降低加工温度、减小轴向力、提高刀具寿命。辛志杰等[98] 对比了传统麻花钻、阶梯钻、烛台钻及螺旋铣削所加工孔的表面质量和出入口处的分层程度，发现麻花钻的加工质量最差，阶梯钻加工孔的表面质量最好，分层比例最低。图 3-7 中展示了当前在 CFRP 钻削加工中几种常用的刀具。

（3）CFRP 专用钻削刀具

为了获得更好的加工质量，学者们针对 CFRP 的结构特性设计了多种专用

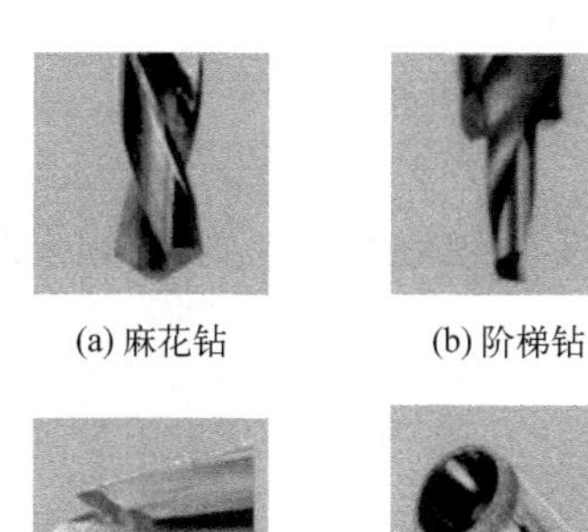

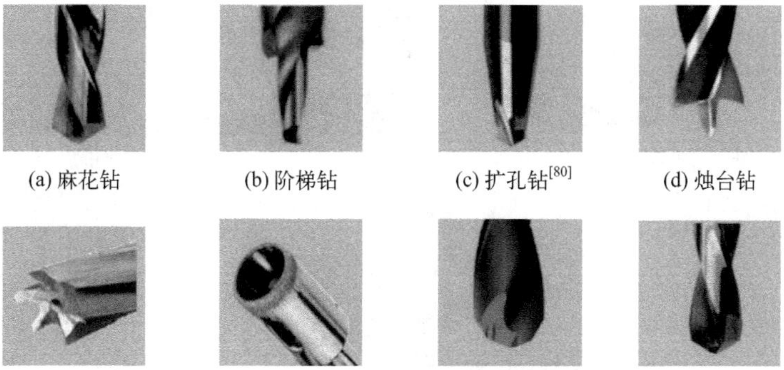

(a) 麻花钻

(b) 阶梯钻

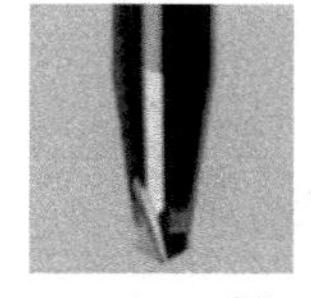

(c) 扩孔钻[80]

(d) 烛台钻

(e) 锯齿钻[99]

(f) 套料钻

(g) 八面钻[42]

(h) 双顶角钻

图 3-7 常用 CFRP 钻削刀具

刀具。Piquet 等[100] 设计制造了一种形状特殊的 CFRP 钻削刀具，通过在麻花钻导向部分添加变径结构的副切削刃，相比于麻花钻，该刀具在无导向孔的情况下获得了更好的加工质量。基于该刀具外形，使用变进给速度加工方式可进一步提高加工质量。Yu 等[101]、Sugita 等[13] 对传统麻花钻进行了改进，通过在刀具副切削刃处增加可抑制复合材料钻削过程中毛刺和分层的螺旋槽结构，改善了 CFRP 钻削过程中出入口的加工质量。Su 等[102] 结合了烛台钻和扩孔钻的结构特点，设计研发了一款具有抑制 CFRP 分层损伤作用的钻削刀具，加工过程中利用扩孔钻小尺寸横刃以及较小的二级顶角结构减小钻削过程中初始损伤的面积，再利用烛台钻外围的刀尖将损伤区域去除，获得了较高的出口质量。

Jia 等[103] 研究了 CFRP 加工中分层现象的产生过程，发现分层现象发生的最初阶段损伤面积较小，而随着钻头的深入，分层面积不断扩大。底层材料产生分层现象的主要原因为缺少基体的支撑，并提出可通过反方向加工来避免分层损伤的发生，并设计了侧刃带有螺旋槽的锥形钻，在加工过程中螺旋槽与最底层材料接触产生向上的推力，在避免分层损伤继续扩大的同时将已产生分层的材料进行切除，有效地控制了分层现象的发生。Tsao 等[18,21,24,26,104] 在 CFRP 加工刀具方向做了大量研究，首先针对套料钻内部排屑不畅容易堵塞的问题进行了研究，将麻花钻、齿形钻、三尖钻固定在套料钻内部，构成阶梯式结构，与传统麻花钻相比，将轴向推力平均分布在更大的面积上，并可以通过调整内外层刀具的直径比调整轴向力的大小，有效控制了分层现象的发生。各种针对 CFRP 加工特点而设计的专用钻削刀具如图 3-8 所示。

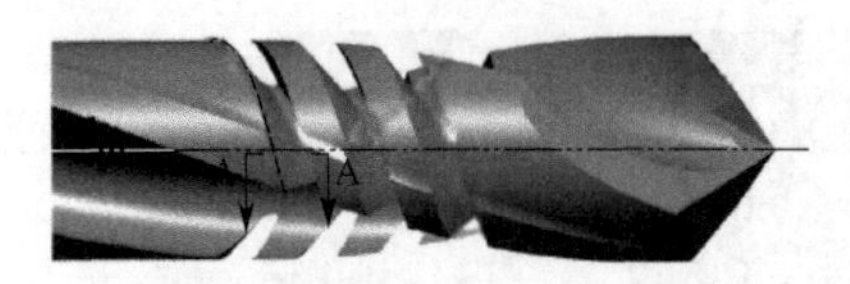

(a) 螺旋槽钻头

(b) 微齿双顶角钻

(c) 改进麻花钻

(d) Drad-spur钻头

(e) 改进套料钻

图 3-8　CFRP 专用钻削刀具

3.2　CFRP 制孔特种加工工艺

CFRP 孔加工中材料硬度较大且易产生加工损伤，单纯改进刀具仍然无法很好地解决 CFRP 加工困难的问题，因此国内外学者从改进加工工艺方向开展了大量研究。

Xu 等[105] 研究了椭圆震动切削在 CFRP 加工中的切削机理，认为高频震动改变了刀具的动刚度。将材料去除过程分解为垂直于纤维方向与平行于纤维方向两部分，垂直于切削方向上的震动产生沿纤维方向上的附加摩擦力，使纤维更易断裂；在平行于切削方向上附加震动可以使断裂的纤维及基体快速剥离，因此椭圆震动切削的应用有助于提高表面质量及加工效率。为了解决传统刀具磨损快、优质刀具价格昂贵的问题，Zhang[106] 将旋转超声震动辅助切削应用于陶瓷基 CFRP 平面铣削中，获得了较高的切削效率及较好的切削效果，并建立了超声震动辅助切削力预测模型。实验结果证明应用超声震动辅助切削与传统加工方法具有相似的加工特性，切削力随着进给速度及切削深度的增加而增加，随着切削速度的增加而减小。Yuan 等[107] 将超声震动辅助切削技术应用到 CFRP 铣磨加工中，建立了考虑加工动态特性的切削力预测模型。

激光是加工高硬材料的重要工具，但激光加工所产生的温度较高，会超过树脂基体的玻璃化温度。Herzog 等[108] 使用 Nd：YAG 激光（掺钕钇铝石榴石激光）、叠片式激光、CO_2 激光对 CFRP 进行加工以观察加工后热损伤区域的范围及对材料性能的影响，不同类型激光加工对 CFRP 热损伤区域的影响如图 3-9 所示。

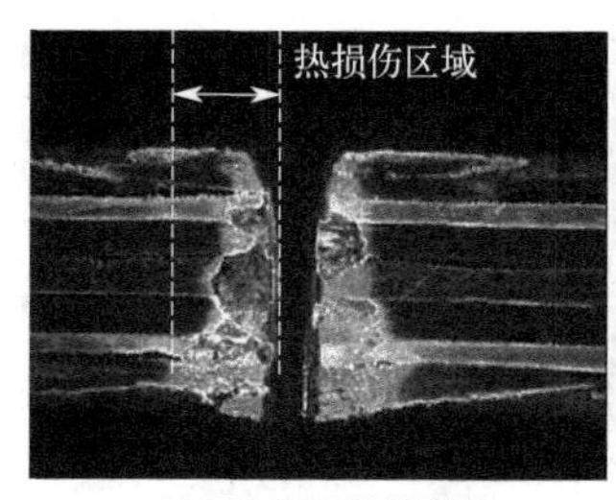

(a) Nd:YAG脉冲激光

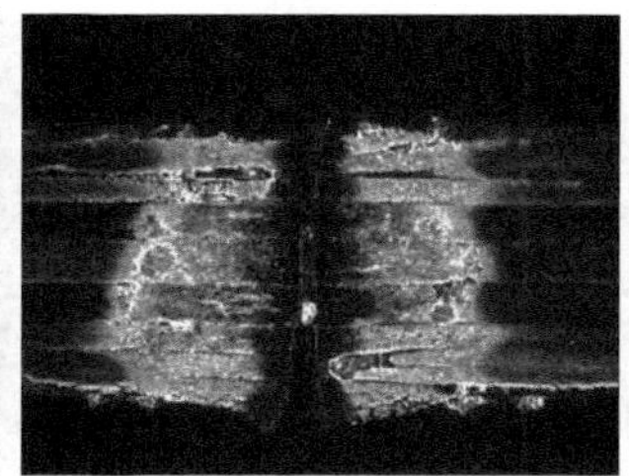
(b) 碟片式激光

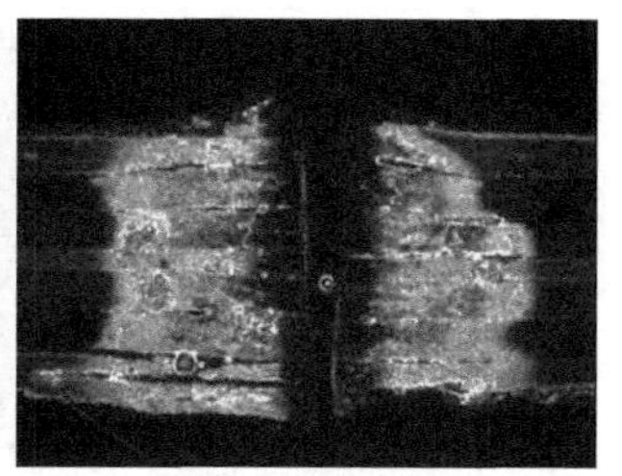
(c) CO_2激光

图 3-9 激光加工 CFRP 的热损伤

结果表明不同的进给速度、激光类型都会对 CFRP 热损伤区域的尺寸产生影响，热损伤区域尺寸的大小会对材料的力学性能造成影响。因此激光一般用来加工其他基体的 CFRP，如石墨基、陶瓷基、金属基等，而这些基体材料的力学性能要明显优于树脂材料，所制成的工件更适用于高温、腐蚀性或强辐射环境中，但往往会更加难以加工，且价格更加昂贵。

Zhang 等[109] 将高能皮秒激光用于 SiC 基体 CFRP 的加工，通过实验研究了加工参数螺旋线间距、加工时间和扫描速度对加工孔质量的影响。发现这些加工参数对所加工孔的形状及深度都有明显影响，并且发现激光加工后基体中的 Si—C 键断裂，形成了新的 Si—O 键。Wu 等[110] 利用皮秒激光对 C—SiC 基 CFRP 进行微槽结构加工，以增强材料的亲水性。研究发现材料的亲水性会随着 V 型槽密度的增加而提高，而垂直于纤维方向所加工槽的亲水性明显优于平行纤维方向所加工槽的亲水性。Liu 等[111] 利用皮秒激光对 SiC 基 CFRP 进行微孔加工。研究结果表明激光的能量密度及进给速度对微孔质量尤其是孔的出口有明显影响，加工过程中碎屑未能及时排出也会对孔的质量产生影响，在沿着材料的轴线方向、法线方向、截面方向进行激光烧蚀加工时，材料在三个加工方向表现出了不同的加工性能。

Teicher 等[112] 与 Guu 等[113] 对 CFRP 电火花加工进行了研究，建立了加工参数（如放电电流、开环电压、脉冲能量、脉冲持续时间）对加工性能（如电极磨损、材料去除率、表面粗糙度、分层现象的剧烈程度）之间的影响关系。证明了电火花加工（electrical discharge machining，EDM）可用于 CFRP 的加工，但加工过程中基体融化、加工效率低的问题仍严重制约着该方法的广泛应用。

高压水射流[114-116] 被应用于 CFRP、GFRP 的切割以及型腔加工中。但受加工面垂直度及喷嘴直径的影响，高压水射流并不适用于小直径孔的加工，图 3-10 记录了高压水射流 CFRP 开槽出入口的尺寸差异。

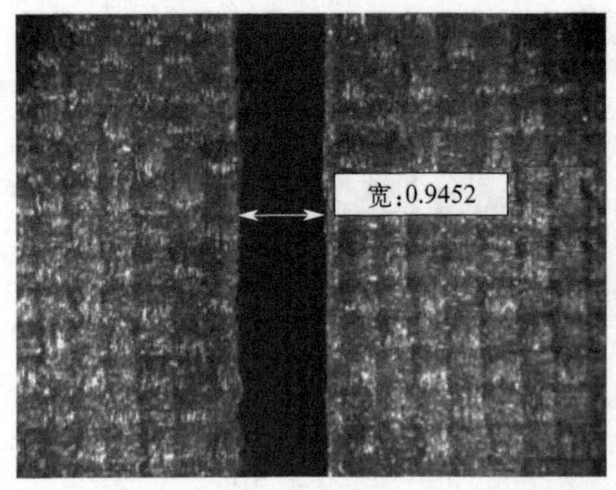

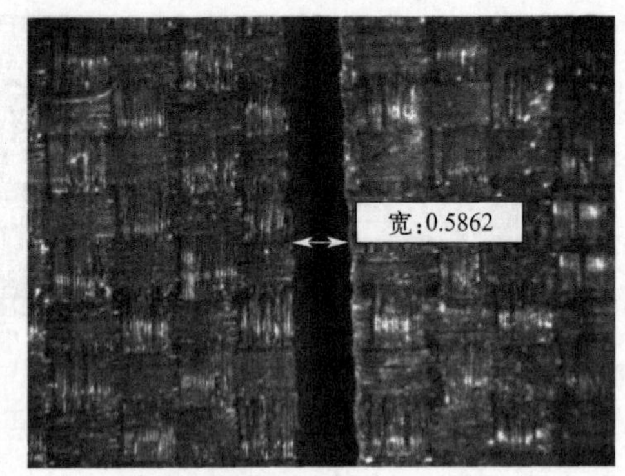

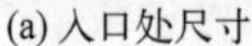
(a) 入口处尺寸　　(b) 出口处尺寸

图 3-10　高压水射流 CFRP 开槽出入口尺寸

3.3　CFRP 螺旋铣削加工工艺

螺旋铣削是近些年应用于航空领域的新型制孔方法，由于加工原理的改变，螺旋铣削展现出了许多优良性能[117,118]，成了孔加工方法研究热点之一。螺旋铣削（helical milling）又被称为轨道钻（orbital drilling），加工过程中立铣刀在围绕刀具轴线高速自转的同时沿着一条螺旋轨迹在三维空间内运动。因此螺旋铣削过程中刀具的运动过程是由刀具自转、刀具围绕所加工孔的轴线所做的公转及刀具沿所加工孔轴线方向的直线进给三个独立运动所构成的合运动，特殊的运动形式使其相对于传统钻削具备了一些先天的技术优势，如加工质量好、刀具成本低、适用范围广、加工温度低等。

目前尚没有较好的加工工艺可以替代钻削在 CFRP 加工中直径较小的孔（如铆接孔）的加工。但对于直径较大的孔受到钻头尺寸及横刃的影响，极易在加工过程中出现严重的分层损伤。针对 CFRP 孔加工中加工质量差、刀具磨损严重等问题，学者们将螺旋铣削工艺应用到了 CFRP 孔加工中，并在加工性能、加工设备、加工刀具、工艺改进等方面开展了大量研究。

Voss 等[119] 对比了传统钻削与螺旋铣削在加工 CFRP 时刀具的状态及加工质量，发现螺旋铣削在加工 CFRP 时具有更小的轴向力、更好的加工效果以及更长的刀具使用寿命，相比于传统钻削，螺旋铣削更适合 CFRP 的孔加工。Ahmad 等[120] 通过大量的实验，研究了 CFRP 螺旋铣削加工时加工参数对刀具寿命、表面质量、尺寸误差的影响，指出较大的偏心距会影响刀具的使用寿命，并且随着孔加工数量的增加所加工孔的直径变化量也逐渐增大，为 CFRP 螺旋铣削切削参数优选提供了借鉴。郭建刚[121] 通过单因素试验探究了主轴转速、公转转速、轴向进给量和偏心距对CFRP螺旋铣削切削力的影响规律，利用正交实验得到了轴向铣削力数据，建立了CFRP螺旋铣削切削力的回归方程，对孔表面粗糙度和直径偏差进行了准确测量和分析，其结果为难加工材料高质量制孔后续研究提供了重要的参考依据。

Brinksmeier等[118]通过数学方法，以刀具转动角度为因变量描述孔径、刀具直径、螺旋线、螺距等参数之间的数学关系，并在此基础上进一步对螺旋铣削加工过程各参数间的数学关系做了基本的定性描述。Brinksmeier等[122]对铝合金螺旋铣削中毛刺以及切屑帽的形成过程进行了研究，对比了不同转速、进给速度、切削方向、冷却条件对毛刺高度、切屑帽质量、轴向力的影响，并研究了刀具外形对加工过程的影响。Denkena等[123]对螺旋铣削刀具运动进行了分析，研究表明螺旋铣中刀具底刃与侧刃都参与切削。底刃进行连续切削，其切削过程与钻削相似，未变形切屑宽度与刀具半径相同，切屑厚度为轴向每齿进给量。侧刃进行断续切削，切屑厚度呈正弦规律变化，其最大厚度为水平方向的每齿进给量，最大宽度为螺旋线的螺距。王海艳[124]针对Ti-6Al-4V/CFRP叠层材料在螺旋铣削中切削力、切削参数以及制孔质量等问题进行了详细的分析及研究，建立了螺旋铣削切削力解析模型，通过对加工质量的研究发现加工中切削力对制孔缺陷有着直接影响，并以刀具寿命、加工效率、孔壁表面质量为目标进行了切削参数优化。王奔等[125]通过实验方法研究了传统钻削及螺旋铣削加工CFRP时产生的切削力及加工温度，发现螺旋铣削具有更低的加工温度，相较于传统钻削有超过36%的降幅，加工区域的温度降低是导致螺旋铣削加工质量优于传统钻削的重要原因。刘刚[126]对航空难加工材料螺旋铣削过程中孔壁质量及刀具寿命进行了研究，发现铣刀在螺旋铣削过程中侧刃的切削比例较大，容易导致快速磨损，而端部切削刃产生的切屑较大，容易导致排屑不畅。利用分屑原理研制了分布式多点阵专用刀具，有效提高了刀具寿命及加工质量。

Lan等[127]针对刀具在加工CFRP/Ti叠层材料中主轴转速、刀具直径对孔径及表面质量的影响进行了实验研究。Ni等[128]对航空铝合金、钛合金和CFRP轨道钻削加工进行了研究，对比了不同的公转速度、进给速度以及偏心距对铝合金孔加工中轴向力及径向力的影响，并分析了铝合金、钛合金加工中加工数量对孔径的影响。高航等[129]针对40CrNiMoA/GFRP叠层材料制孔质量差、效率低的问题提出了超声振动辅助螺旋铣削制孔新工艺，通过实验对比了相同加工效率下钻削、螺旋铣削以及超声震动辅助螺旋铣削的加工温度、切削力以及加工质量。实验结果表明新工艺可以大幅度降低切削力和加工温度，有效地提高表面质量、减少加工缺陷。可见将螺旋铣削应用于CFRP孔加工中对提升加工质量有着巨大的作用，但大多数研究还只集中于与常规加工方法的加工质量对比，而螺旋铣削的加工机理、材料的损伤机制、螺旋铣削的加工特性等研究还鲜有报道。

从大量文献中可以看出，螺旋铣削在加工质量、加工温度以及刀具寿命等方面都有着传统钻削所无法比拟的优势。螺旋铣削中刀具沿螺旋线运动，相比于钻削其路径较为复杂，传统的加工设备无法满足加工要求，根据螺旋铣削加工路径的需求，加工设备至少可以满足刀具在 X 向、Y 向、Z 向同时进行插补运动，因此需要三轴或三轴以上的数控加工机床才能实现刀具的螺旋线轨迹。而受到实际生产、加工、装配环境中工件尺寸巨大，操作空间小等限制，往往需要尺寸更小、操作更为灵活的专用制孔设备。

瑞典 Novator 公司最早开始了以工业机器人为载体，针对航空器装配中叠层结构制孔的螺旋铣削执行末端的研究。巴西航空理工学院[130] 和日本沼津工业高等专门学校[131] 等研究机构也都开展了类似的研究。为了突破发达国家的技术封锁以及出口限制，国内以浙江大学、大连理工大学为代表也进行了相应的研究。以机器人为载体的螺旋铣削执行器如图 3-11 所示。

(a) Novator公司螺旋铣削执行器

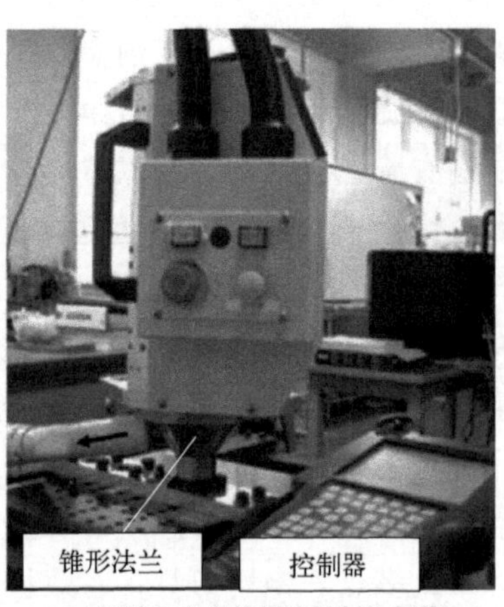

(b) 沼津工业学校螺旋铣削执行器

图 3-11 以机器人为载体的螺旋铣削执行器

大连理工大学王欢[132] 搭建了满足飞行器制孔需求的螺旋铣削实验平台，并以钛合金为实验对象研究了加工中的切削温度及切削力特征，发现螺旋轨迹的导程增加会导致切削力和切削温度的增加，而切削速度的增加会导致切削温度明显增加，切向每齿进给量的增加会导致切削力的增加，切削力对孔的加工质量有着明显的影响。潘泽民[133] 采用瞬时刚性力模型和离散化的方法建立了螺旋铣削切削力模型，设计了双偏心套筒配合直驱电机的刀具偏心调整机构，减少了螺旋铣削执行器的结构尺寸和质量，提高了刀具偏心量定位精度，并通过径向切削力在线估计方法实现了刀具变形的实时补偿，进一步减小了执行末端加工的孔径误差。中国航空工业集团公司北京航空制造工程研究所[134] 基于国内外螺旋铣削技术的研究经验，研制出了具有在线刀具中心调整、曲面法向量识别、压紧力可调、具备真空排屑功能的机器人夹持螺旋铣削执行末端，并在 CFRP 和钛合金的加工实验中获得了良好的尺寸精度及表面质量。

与传统的铣削加工不同，螺旋铣削中刀具的底刃和侧刃同时进行切削，因此要求刀具端部和周向都有切削刃。国内外大型刀具生产商都有螺旋铣削专用刀具，但大多为非标定制产品，具体参数细节很少公布。Brinksmeier 等[122] 较早开始了铝合金材料螺旋铣削中刀具形状对加工效果的研究。

天津大学[135,136] 对铝合金螺旋铣削刀具的角度及涂层进行了研究，同时还对不同润滑条件、加工参数和涂层材料对刀具寿命的影响进行了大量研究。浙江大学[127,137,138] 在针对金属材料的螺旋铣削刀具研究中提出通过分屑控制切屑的形状、减小切屑内部的相互作用、减小切屑变形是螺旋铣削专用刀具设计的基本出发点，结合螺旋铣削刀具的运动特点，通过改变刀具底刃的形状设计了多点阵端部切削刃螺旋铣削专用刀具，有效减小了铝合金加工中轴向力，提高了刀具的寿命并减小了出口处毛刺的产生，如图 3-12(a) 所示。CFRP 切削过程中碎屑受到碳纤维材料形状的影响，为细碎的小颗粒，因此分屑原理对 CFRP 螺旋铣削中切屑的形状不会产生影响。大连理工大学[139] 针对 CFRP 孔加工中的损伤产生机理，结合螺旋铣削的加工特点设计了 CFRP 螺旋铣孔的专用刀具，如图 3-12(b)、(c)所示。

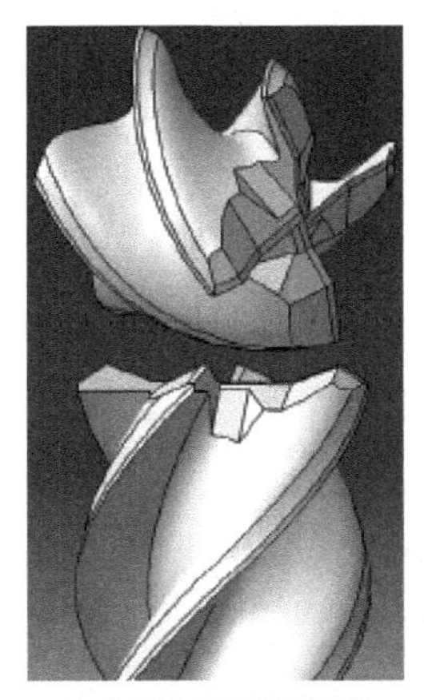

(a) 基于分屑原理的螺旋铣孔专用刀具

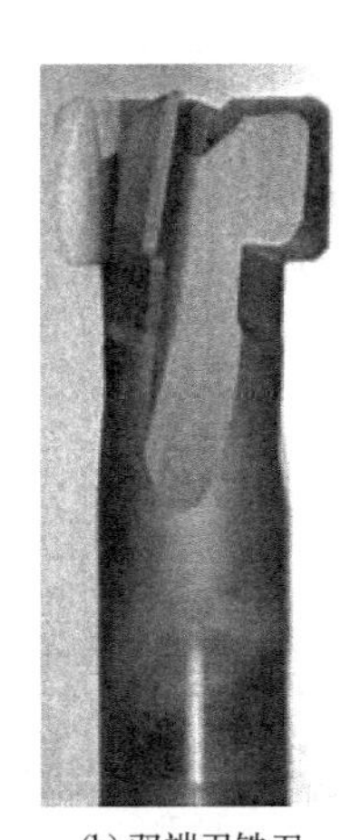

(b) 双端刃铣刀

(c) 钻铣复合刀具

图 3-12 螺旋铣削专用刀具

针对螺旋铣削刀具的研究较少，并且研究重点多为提高均质金属加工中刀具寿命以及减小出口处的毛刺，这与 CFRP 孔加工中的研究重点有所不同，而针对 CFRP 的螺旋铣削专用刀具研究较少。

虽然螺旋铣削制孔在加工质量、刀具寿命、加工成本等方面都有着传统钻削加工无法比拟的优势，但是仍然无法避免加工损伤的产生，为了进一步提高螺旋铣削在加工 CFRP 时的加工质量，学者们在螺旋铣削工艺的基础上提出了斜螺旋铣、摆动铣、多步加工法等加工改进方案。

为了提高出口的加工质量，Wang Qiang 等[140] 在螺旋铣削过程中通过旋转倾斜放置的工件降低了加工中引起分层损伤的轴向力，避免了立铣刀端部切削刃进出工件时所引起的轴向切削力突变，并通过对出口处材料的多次加工提高了工件的出口质量。Gao 等[141] 在斜螺旋铣的基础上通过使用电镀金刚石刀具，改变了材料去除机理，通过磨削过程代替铣削过程，进一步减小了加工过程中的切削力，降低了加工温度，并且在出口处获得了较好的加工质量。Tanaka 等[142] 和 Ohta 等[143] 通过将螺旋铣削中刀具轴线偏转，获得了与斜螺旋铣相同的加工效果，并通过使用球头铣刀提高了孔壁的加工质量。斜螺旋铣削加工方法如图 3-13 所示。

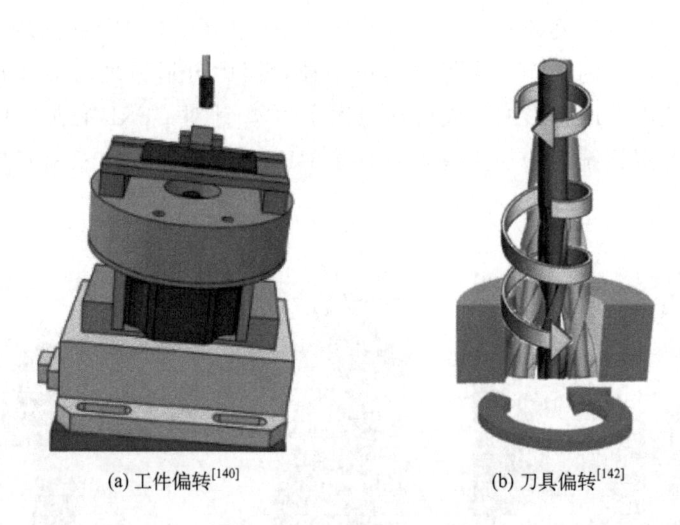

(a) 工件偏转[140]　　(b) 刀具偏转[142]

图 3-13　斜螺旋铣削加工方法

学者们还对基于螺旋铣削的多步加工方法进行了大量研究。Geier 等[10,144] 提出了将螺旋铣削过程扩展为三个步骤的摆动铣削加工方法，如图 3-14(a) 所示。首先通过钻削过程加工出一个直径较小的孔，再以孔深度方向的中点为中心偏转刀具轴线，同时让刀具沿所加工孔的轴线摆动并逐渐增加偏转角度，将孔加工成沙漏形，最后将偏转角减小至零，通过螺旋铣削的方法将孔中部剩余材料去除。该方法使轴向力在加工出口时维持在较低的水平，并充分利用了铣刀侧刃的去除作用，减少了出口处的毛刺。Wang 等[145] 提出了二次加工方法，首先通过螺旋铣削在 CFRP/Al 侧加工出一个直径较小的孔，再在 Al/CFRP 侧通过螺旋铣削将孔的直径扩大，该方法可有效地减小加工过程的轴向力，减小分层损伤发生的可能，并有效地减少了出口处的毛刺。杨国林[139] 通过正向再反向进给螺旋铣孔的方法，将孔出口处的损伤去除，提高出口处的加工质量。

Boccarusso 等[146] 提出了利用特殊设计的刀具，首先钻孔再通过螺旋铣削扩孔的 CFRP 孔加工方法——环形钻削（circular drilling)。该方法相比于钻削及螺旋铣削拥有更小的轴向力、更好的加工质量以及较高的加工效率。Fei Su 等[147] 通过将扩孔钻、烛台钻和立铣刀结合，设计出了一种新型刀具并通过该刀具实现了钻铣加工方法，如图 3-14(b) 所示。该方法在钻削过程中利用扩孔钻及烛台钻的刀具结构可以获得较小的分层面积，而在铣削过程中通过螺旋轨迹利用刀具的侧刃进行扩孔，获得了较小的轴向力以及较好的出口质量。

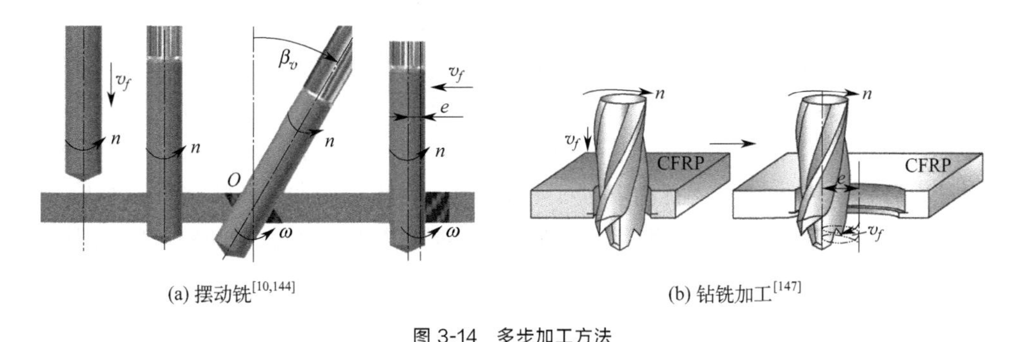

(a) 摆动铣[10,144]

(b) 钻铣加工[147]

图 3-14 多步加工方法

v_f—进给速度；n—转速；β_v—摆动角度；ω—绕轴转动角速度；e—偏心距

CFRP 螺旋铣削工艺及切削力特性研究

螺旋铣削是近些年在航空航天领域中出现的新型孔加工方式，该方法凭借加工质量好、成本低、适用范围广以及在加工铝制构件时能有效地减少出口处的毛刺等优点被认为是最具应用前景的孔加工方式。随着 CFRP 构件在航空航天领域的广泛应用，以及传统孔加工方式在加工 CFRP 构件时所凸显出的加工问题，螺旋铣削在加工 CFRP 构件中所显现的优势也逐渐引起了业界的关注。螺旋铣削过程有别于传统钻削及铣削的加工过程，因此本章从螺旋铣削的材料去除过程、CFRP 螺旋铣削切削力建模以及加工 CFRP 构件时刀具及切削参数的选用对切削力的影响三个方面对螺旋铣削加工方式进行了研究。

4.1 螺旋铣削工艺特性研究

与传统钻削、侧铣、端铣相比，螺旋铣削的加工过程中刀具的运动路径更为复杂，控制刀具路径的参数更多，且每个参数的改变都会对刀具路径、切屑形状和切削力产生影响。因此探究各参数与刀具路径、切屑形状之间的影响关系是建立切削力模型，准确预测切削力的基础。而对螺旋铣削出口的形成过程、切屑的形成过程以及加工过程中的切削力特性的研究是从根源上探究螺旋铣削在加工 CFRP 构件时获得良好加工质量的原因。

4.1.1 螺旋铣削加工原理

螺旋铣削作为一种新型孔加工方法，与传统的钻削有着较大的区别，加工过程中刀具在围绕自身轴线旋转以及轴向运动的同时刀具还围绕着孔的轴线进行公转运动，犹如行星围绕恒星的运动过程，因此也被称为轨道钻。图 4-1 为螺旋铣削加工示意图。

刀具运动过程中涉及的工艺参数中除了常规的切削参数，如刀具转速 n_t，

切向进给速度 v_t，轴向进给速度 v_z 外，还涉及刀具直径 D_T，偏心距 e 以及螺距 a_p。由于刀具运动过程中刀具轴线与孔轴线并不重合，刀具以偏心的状态进行加工，这就导致了刀具的运动轨迹更为复杂，刀具沿着一条螺旋线轨迹运动，周向切削刃与底部切削刃同时进行着切削加工。

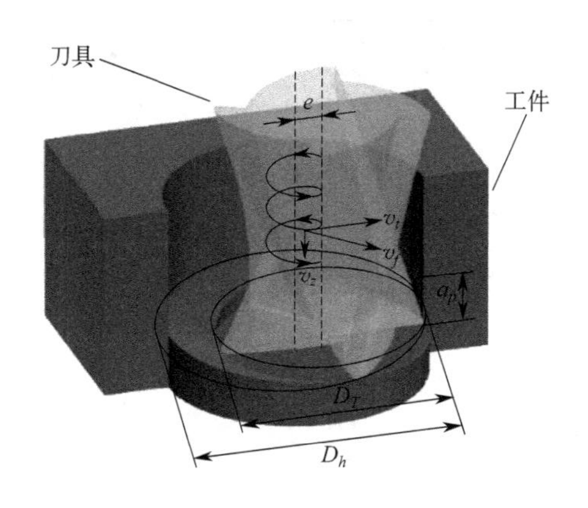

图 4-1 螺旋铣削加工示意图

螺旋铣削是一种先进的加工方法，其原理是利用刀具的螺旋运动来切除材料。相比于传统的钻削加工，螺旋铣削具有许多优势。

① 由于螺旋铣削所加工孔的尺寸要大于刀具直径，因此具有更大的容屑空间，从而减少了刀具与切屑的摩擦。这有利于延长刀具的使用寿命，并提高加工效率。

② 螺旋铣削的底部切削刃上各点的切削速度均大于零，这有利于减小轴向力，避免产生类似于钻头横刃的推挤作用。这不仅有利于提高孔的加工精度，还有助于减小刀具的磨损，进一步提高了加工效率。

③ 螺旋铣削的刀具往复式运动有利于热量的散失，降低加工温度。这对于加工高温易变形的材料特别有利，可避免因温度过高导致材料变形或刀具磨损加剧的情况。

④ 螺旋铣削中孔的尺寸受到刀具尺寸及偏心距的共同影响，这使得使用同一尺寸刀具可以加工不同尺寸的孔，进一步降低了加工成本，提高了加工灵活性。同时，偏心距的变化还可以调节孔的锥度，使其满足不同的加工需求。

螺旋铣削过程中立铣刀沿螺旋线运动，其加工过程可看作是刀具在水平方向的圆周铣削运动与沿竖直方向的钻削运动的合运动。加工过程中刀具在工件内部运动，其过程可分为四个阶段，各阶段刀具位置及孔的加工状态如图 4-2 所示。

在阶段 a 中，一直径为 D_T 的立铣刀沿偏心距为 e 的螺旋线做进给运动，刀具底部切削刃与工件上表面接触，工件受到刀具沿竖直方向的轴向力作用发生变

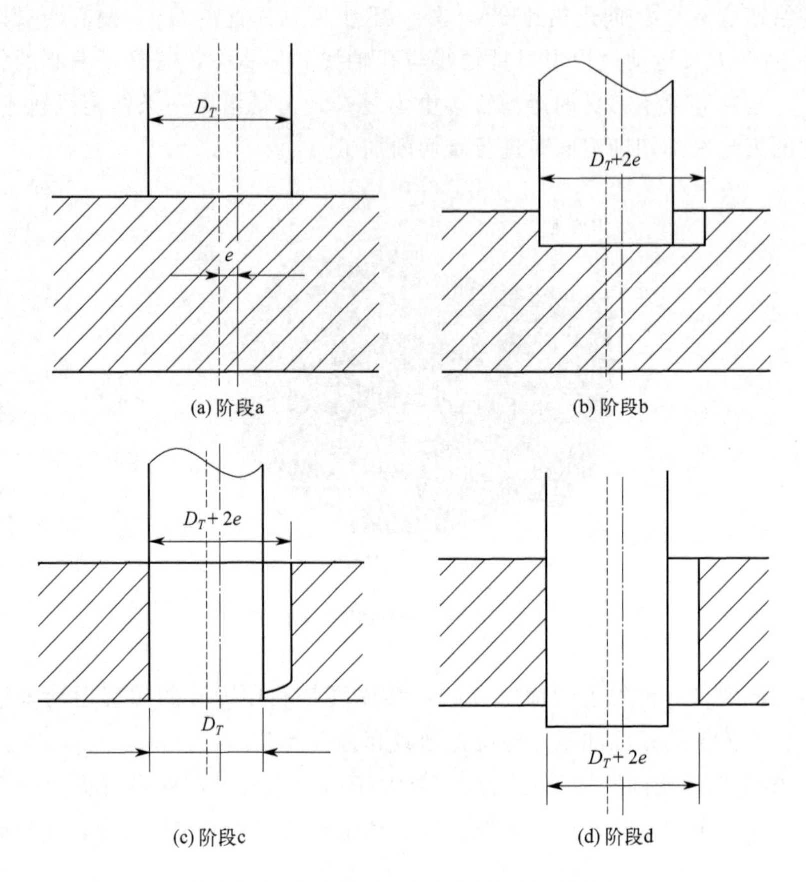

图 4-2 螺旋铣削各阶段刀具位置及孔的加工状态

形，该阶段中未有切屑产生。在阶段 b 中，刀具开始对工件进行切削，工件的上表面形成一个直径为 D_T+2e 的孔，刀具沿螺旋线运动，工件上形成的孔直径不再发生变化而深度增加。在阶段 c 中，刀具底部切削刃到达工件的最底部，开始对工件的底层材料进行加工，CFRP 竖直方向的强度与材料厚度相关。在阶段 c 中，刀具下部材料的厚度已所剩不多，在轴向力的作用下材料发生变形，最底层材料被推挤至工件外部，形成了最初的出口，由于在螺旋铣削中刀具直径小于所加工孔的直径，因此工件底层形成孔的直径小于所需孔的尺寸，为一个直径为 D_T 的孔。在阶段 d 中，刀具继续沿螺旋线运动，刀具底部切削刃穿过工件，由刀具的侧刃继续对出口处的剩余材料进行切削，对阶段 c 中被推挤出的材料进行去除，最终形成所需尺寸为 D_T+2e 的出口。

4.1.2 螺旋铣削切削力特性实验研究

切削力是切削过程中一个重要的物理现象，是表征切削状态的重要参数，对加工质量、刀具寿命、切削功耗有着重要的影响，是机床、刀具、卡具以及切削参数选择的重要参考依据。尤其是在CFRP制孔过程中，轴向力直接关系着加工损伤的产生与否及损伤程度。因此建立精确的切削力模型以及准确的预测切削力对提高加工质量、降低加工成本、保证加工效率有着重要意义。

为了探究CFRP螺旋铣削过程中切削力的变化过程，本研究进行了CFRP螺旋铣削加工试验，并对试验中的切削力进行了记录，实验设备包括加工设备、测力仪、传统立铣刀及CFRP工件，切削力测量实验装置如图4-3所示。

实现螺旋铣削加工的设备可以分为数控机床及工业机器人夹持螺旋铣削执行器两类，本试验中使用VM7032三轴数控立式铣床，使用Kistler公司生产的9257B型动态应变六分量测力仪对切削力进行测量，通过5070A11100型电荷放大器对电荷信号进行处理，并使用Kistler公司生产的配套数据采集卡及数据采集软件对切削力信号进行记录、分析及处理。

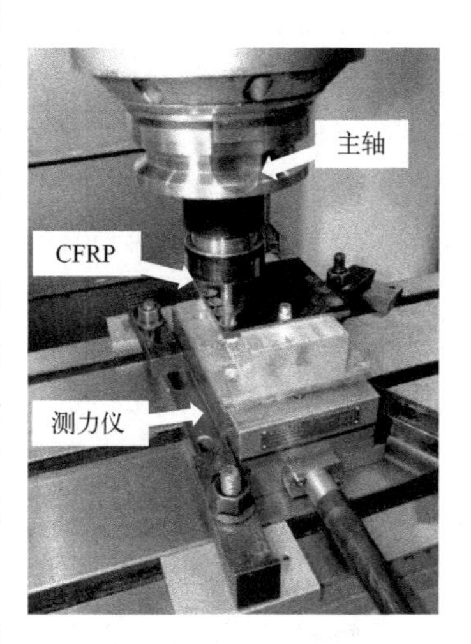

图4-3 切削力测量实验装置

CFRP螺旋铣削过程各加工阶段对应切削力变化趋势如图4-4所示。

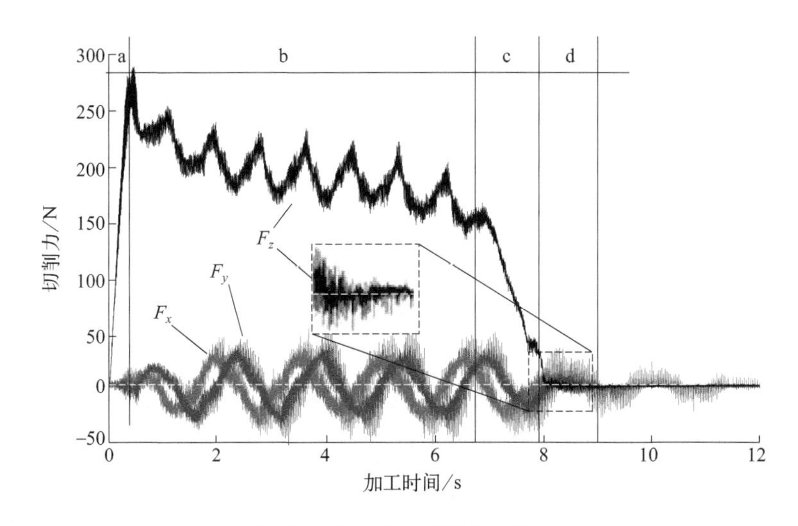

图4-4 螺旋铣削加工阶段切削力

由图4-4可见，CFRP螺旋铣削过程中各向切削力的变化均受到加工阶段的影响，而其中轴向力的变化最为明显。在阶段a中，刀具底部切削刃接触工件顶层材料，轴向力快速增加到最大值，工件受到轴向力的作用发生弯曲，切向力

F_x，F_y 也在同时开始增加。在阶段 b 中，刀具开始对工件进行稳定切削，切向力呈周期性变化且其最大值保持恒定。随着剩余材料厚度的减小，轴向力也逐渐减小，并伴随着周期性的波动，该波动可能与工件内部碳纤维布的铺层方向周期性变化有关。在阶段 c 中，刀具底部切削刃开始对工件最底层材料进行加工，随着刀具突破最底层材料，轴向力快速减小到 0 附近，由于刀具的侧刃还在对工件内部材料进行加工，切向力在该阶段的变化不明显。在阶段 d 中，刀具底部切削刃穿过工件最底层，由刀具的侧刃对出口处剩余材料进行加工。可见在阶段 d 初始阶段的轴向力为负值，随着加工的进行，轴向力逐渐恢复到 0 附近保持不变，切向力快速减小。由于刀具的侧刃高度大于螺旋轨迹的螺距，在加工完成后刀具的侧刃继续和已加工完成的孔壁摩擦，因此在加工完成后还存在周期变化的切向力。

4.2 CFRP 螺旋铣削工艺参数对加工性能的影响规律

了解加工过程中各工艺参数对加工性能的影响，对提高加工质量降低加工成本有着重要的作用。与传统钻削加工中刀具直径与孔径相对应的“一刀一孔”不同，螺旋铣削中刀具采用偏心加工的形式，通过对偏心距的调节可以实现“一刀多孔”“多刀一孔”的加工特点，为工艺制定者、操作者提供更多的选择空间。但由于螺旋铣削是新出现的制孔技术，实践经验较少，相关研究还不充分，关于刀具直径、铣钻比对加工性能影响的研究还鲜有报道，无法为工艺参数的制定提供参考。因此本书针对螺旋铣削中切削参数的选取、刀具直径与铣钻比的选择开展了研究。

4.2.1 切削参数对轴向力的影响

螺旋铣削的刀具路径复杂，相比于传统的铣削加工，控制刀具路径的参数更多。根据不同的加工要求，可将切削参数分为不同的组合对加工过程进行控制，如特定的螺旋升角、特定的螺旋轨迹导程、特定的每齿进给量等。本书选用加工中最常使用的每齿进给量为特定的切削参数进行实验研究，实验中控制加工的工艺参数组合包括刀具半径 R_t、偏心距 e、主轴转速 n_t、切向每齿进给量 f_τ 和轴向每齿进给量 f_z。实际加工中孔的尺寸以及刀具直径是最先被选定的，因此需要控制的切削参数仅为主轴转速、切向每齿进给量和轴向每齿进给量。为探究这三个切削参数对加工中轴向力及加工中侧壁温度的影响，本书进行了三因素三水平的正交实验，对比了稳定加工过程中的轴向力平均值。

正交实验因素水平表如表 4-1 所示。

表 4-1 正交实验因素水平表

水平	因素		
	主轴转速/(r/min)	切向进给量/(mm/t)	轴向进给量/(mm/t)
1	1000	0.016	0.0025
2	2000	0.032	0.00375
3	3000	0.048	0.004

在航空结构件及蒙皮的加工中，螺旋铣削多用于加工直径大于 8mm 的连接孔，本实验中以直径 10mm 的孔为例，使用由 K20 硬质合金加工而成的直径 8mm，螺旋角 30°的立铣刀，以偏心距 1mm 进行加工试验。工件选用 T300 型碳纤维制成的预浸布，经由环氧树脂黏结，共 72 层，最顶层及底层材料使用交叉编织的碳纤维布，中间 70 层单向预浸布以 0°，+45°，90°，−45°进行铺覆，经过高压成型和高温固化后制成含碳 60%，厚 10mm，拉伸强度 2400MPa，拉伸模量 160GPa 的板材，并切割成 90mm×90mm 的工件备用。实验参数及实验结果如表 4-2 所示。

表 4-2 实验参数及实验结果

实验次数	主轴转速/(r/min)	切向进给量/(mm/t)	轴向进给量/(mm/t)	加工轴向力/N
1	1	1	1	116.5
2	1	2	2	135.2
3	1	3	3	140
4	2	1	2	107.7
5	2	2	3	120.8
6	2	3	1	99.48
7	3	1	3	111.1
8	3	2	1	90.2
9	3	3	2	106.9

对轴向力数据进行分析，结果如表 4-3、表 4-4 所示。

表 4-3 轴向力主体间效应检验

因变量：轴向力

源	Ⅲ类平方和	自由度	均方	*F*	显著性(Sig.)
修正模型	2041.731①	6	340.288	58.737	0.017
截距	117393.033	1	117393.033	20263.314	0.000

续表

源	Ⅲ类平方和	自由度	均方	F	显著性(Sig.)
主轴速度	1269.304	2	634.652	109.548	0.009
切向进给量	26.845	2	13.423	2.317	0.301
轴向进给量	745.581	2	372.791	64.348	0.015
误差	11.587	2	5.793		
总计	119446.350	9			
修正后总计	2053.318	8			

① $R^2=0.994$ (调整后 $R^2=0.997$)。

表 4-4　轴向力回归分析结果

因变量：轴向力

模型	未标准化系数		标准化系数	t	显著性(Sig.)
	B	标准误差	Beta		
常量	105.460	9.437		11.175	0.000
主轴速度	−0.014	0.002	−0.752	−6.206	0.002
切向进给量	29.622	35.879	0.100	0.826	0.447
轴向进给量	2190.667	448.489	0.592	4.885	0.005

通过主体间效应检验结果可以发现模型检验的 F 值为 58.737，Sig. <0.05，因此所用的模型具有统计学意义。主轴转速及轴向进给量所对应的 Sig. 值均小于 0.05，说明主轴转速以及轴向每齿进给量的变化会对轴向力产生显著影响，切向进给量对轴向力的影响不显著。通过对回归分析结果中标准化系数的观察可以发现加工过程中主轴转速是加工轴向力的主要影响因素，与轴向力呈负相关性，即提高主轴转速可以减小螺旋铣削中产生的轴向力，轴向进给量对加工轴向力也有着明显的影响——呈正相关性。因此 CFRP 螺旋铣削时在刀具直径和偏心距固定的情况下，采用较高的主轴转速、较小的轴向每齿进给量可以降低加工轴向力。

4.2.2　刀具尺寸对刀具磨损的影响规律

刀具的选择对加工中切削力有着重要的影响，传统钻削加工中只需根据所加工孔的直径确定刀具直径，而螺旋铣削所加工孔的直径与刀具直径并不存在对应关系，因此在螺旋铣削中除了考虑切削参数外，还需要考虑刀具直径的选择对加工过程产生的影响。

本书通过对比不同直径刀具加工相同尺寸的孔时产生的轴向力、刀具的磨损、孔径的变化以及出口质量，分析刀具直径对加工效果的影响。试验中使用5把直径不同的刀具加工直径为10mm的孔，试验参数如表4-5所示。

表4-5 刀具直径对加工效果影响试验参数

序号	刀具直径/mm	偏心距/mm	主轴转速/(r/min)	螺距/mm	轴向进给量/(mm/t)
1	5	2.5	2000	1	0.01
2	6	2	2000	1	0.01
3	7	1.5	2000	1	0.01
4	8	1	2000	1	0.01
5	9	0.5	2000	1	0.01

为了获得加工中刀具尺寸对刀具寿命的影响及刀具的磨损对加工质量和轴向力的影响，每把刀具在厚10mm工件上加工100个孔，每加工10个孔对加工轴向力、刀具底刃后刀面磨损量、刀具侧刃后刀面磨损量、孔径、出口质量进行测量并记录。

螺旋铣削中刀具的底刃与刀具的侧刃都会对材料进行去除，因此加工过程中刀具的底刃和侧刃均会发生磨损，图4-5中记录了不同直径刀具在加工100个直径为10mm的孔时刀具底刃磨损量及轴向力的变化情况。

由图4-5(a)可知，螺旋铣削中随着孔加工数量的增加，刀具底刃后刀面磨损量逐渐增加，并且刀具底刃的磨损速度与刀具的直径相关，在加工相同数量的孔时，直径较大的刀具底刃后刀面的磨损量也较大。在加工第100个孔时，直径为5mm的立铣刀底刃外沿后刀面的磨损量仅为0.168mm，而直径为9mm的立铣刀底刃外沿后刀面的磨损量为0.298mm。稳定加工时，不同直径刀具孔加工数量对轴向力的影响如图4-5(b)所示。可见在相同转速、轴向每齿进给量、相同加工数量下，刀具产生的轴向力受到刀具直径的影响，刀具直径越大产生的轴向力也越大。随着加工数量的增加，不同直径的刀具所产生的轴向力均有小幅度增加，但轴向力变化速率并没有明显的差别。可见螺旋铣削中刀具直径的选择对加工轴向力有着重要影响。

图4-6中记录了随着加工数量的增加不同直径刀具侧刃后刀面的磨损程度以及在不同磨损程度下刀具所加工孔的尺寸偏差。

螺旋铣削中，只有靠近底刃的一小部分侧刃参与加工，侧刃中最先发生磨损的也正是这部分切削刃。由图4-6(a)可以发现，直径为5mm的刀具在加工20个孔后，其侧刃靠近刀尖位置的后刀面磨损量已达到了刃带的宽度；直径为6mm的刀具在加工30个孔后侧刃后刀面磨损量也达到了最大值；直径为7mm的刀具也在加工70个孔后侧刃后刀面达到了最大磨损量；此后，刀具侧刃后刀

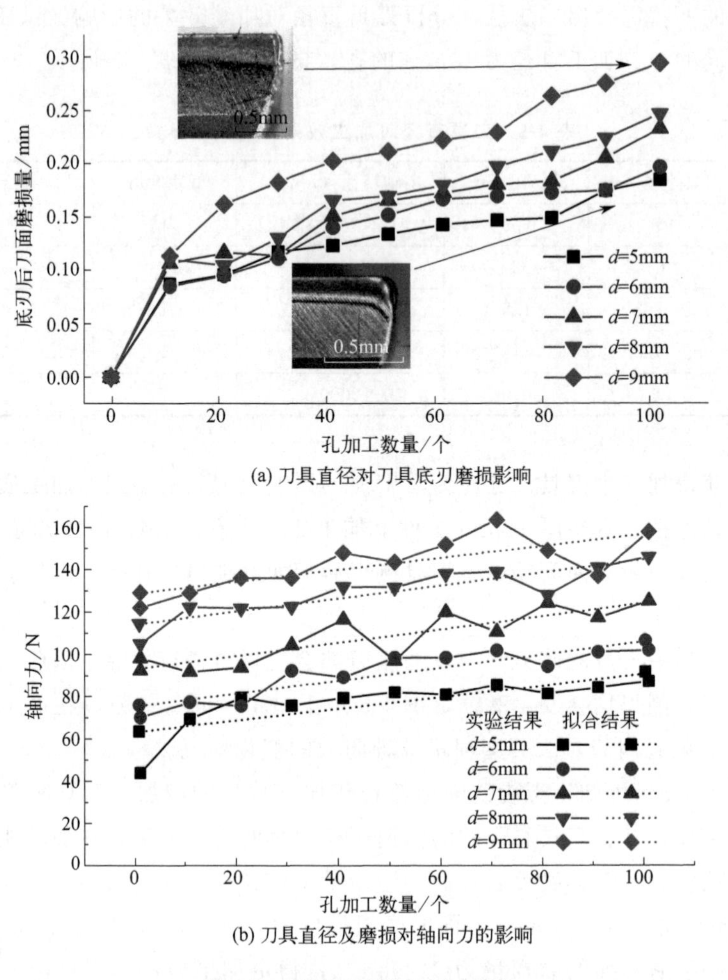

(a) 刀具直径对刀具底刃磨损影响

(b) 刀具直径及磨损对轴向力的影响

图 4-5 刀具底刃磨损及轴向力变化

面磨损量不再变化，已不能反映出刀具的磨损程度。随着孔加工数量的增加，靠近底刃的侧刃直径不断减小，导致少量材料不能被完全去除。此时，侧刃上与已磨损部分相邻的切削刃开始参与切削，这也是在螺旋铣削中刀具侧刃磨损后仍可以进行加工的原因。

从图 4-6(a) 各刀具加工前 20 个孔时侧刃后刀面的磨损量可以看出，侧刃的磨损速度与刀具直径呈负相关性，即在加工相同尺寸的孔时，使用的刀具直径越大，加工中偏心距就越小，刀具侧刃的磨损速度越慢。

螺旋铣削中刀具的侧刃主要对孔壁处的材料进行加工，随着孔加工数量的增加，以及刀具侧刃磨损的加剧，孔径变化量逐渐增大，从而影响了孔的加工精度，图 4-6(b) 中记录了不同直径刀具随着加工数量的增加所引起的孔径变化。由图可见，随着孔加工数量的增加，所加工孔的直径也在逐渐减小，但尺寸不同

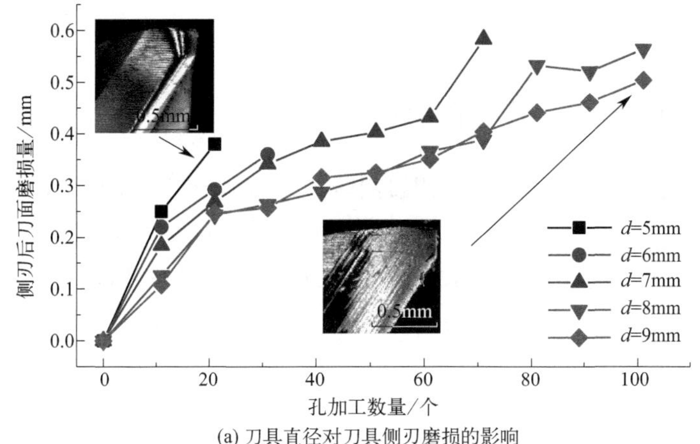

(a) 刀具直径对刀具侧刃磨损的影响

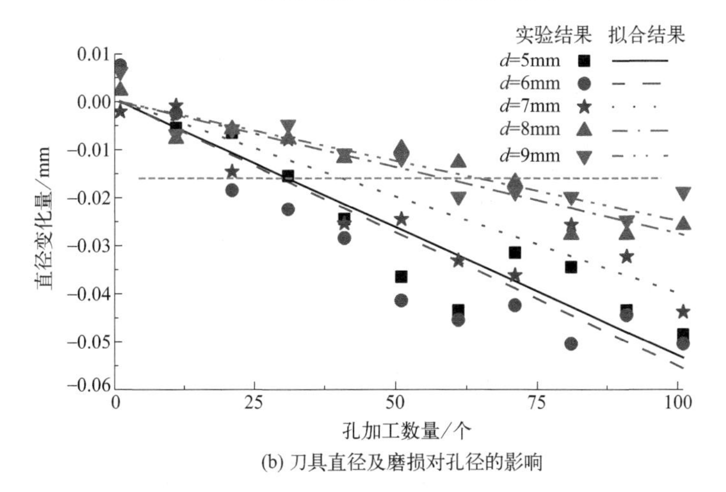

(b) 刀具直径及磨损对孔径的影响

图 4-6 刀具侧刃磨损及孔径变化

的刀具所加工的孔直径变化速度也不同。直径 5mm 的刀具在加工 100 个孔后孔径减小约 60μm，而直径 9mm 的刀具在加工 100 个孔后孔径减小约 25μm。由孔径变化量的拟合结果可知，加工过程中刀具的直径与孔径的变化速率呈负相关性，直径较小的刀具需要采用较大的偏心距进行加工，刀具侧刃的快速磨损导致了刀具直径减小，进而影响了所加工孔的直径。CFRP 构件中孔的加工精度一般为 H7～H8，因此从保证尺寸精度的角度出发，使用大直径刀具可以获得更长的刀具有效寿命。

由图 4-6(a) 可以发现刀具直径对刀具底刃及侧刃后刀面磨损量的影响呈完全相反的趋势，加工中选用直径较大的刀具会加速底刃后刀面的磨损从而减轻侧刃后刀面的磨损，选用直径较小的刀具会加速侧刃后刀面的磨损从而减轻底刃后刀面的磨损。通过对刀具底刃及侧刃后刀面磨损情况的观察可以发现，导致该现象的根本原因除了切削速度对刀具磨损产生影响外，单位长度切削刃在螺旋铣削中去除材料的体积也对刀具磨损产生了重要的影响。

4.2.3 铣钻比对加工效果的影响

螺旋铣削中刀具底刃与刀具侧刃同时进行切削加工。刀具沿轴线方向的进给运动导致了刀具的底刃对切削刃下方的材料进行去除，执行钻削加工；刀具沿水平方向的进给运动导致了刀具侧刃对运动方向前方材料进行去除，执行侧铣加工，两种加工方式同时发生。刀具侧刃和底刃在加工过程中去除材料的体积比通过式（4-1）进行计算。

$$R_{m\&d}=\frac{V_m}{V_d}=\frac{R_h^2-R_t^2}{R_t^2} \tag{4-1}$$

式中 $R_{m\&d}$——铣钻比；

V_d——刀具通过钻削去除材料的体积，mm^3；

V_m——刀具通过铣削去除材料的体积，mm^3；

R_t——刀具半径，mm^3；

R_h——所加工孔半径，mm^3。

由式可知螺旋铣削中的铣钻比由刀具直径及孔的尺寸决定，与加工参数无关。通常螺旋铣削中选用刀具的直径会小于孔的直径并大于孔的半径，因此螺旋铣削中铣钻比是一个介于 0～3 之间的数值。为了探究加工中铣钻比对加工轴向力的影响，本实验选用 5mm、6mm、7mm、8mm 四把刀具，以主轴转速 2000r/min，螺距 1mm，偏心距以 0.5mm 为起始，每 0.5mm 为一档直至刀具半径为止进行螺旋铣削加工。图 4-7 记录了铣钻比对稳定切削过程中轴向力的影响。

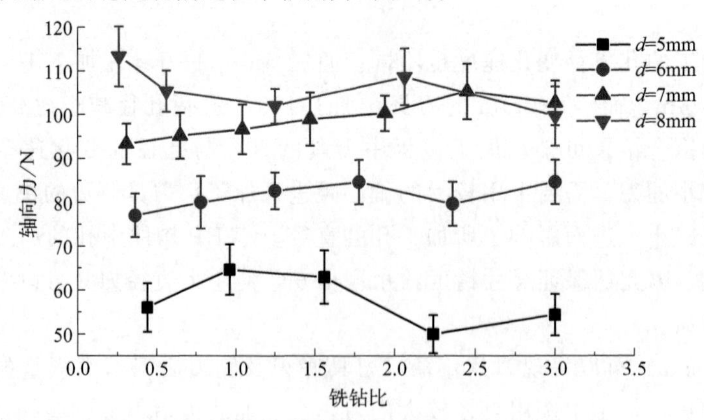

图 4-7 铣钻比对轴向力的影响

由图 4-7 可见，在加工中通过调整偏心距改变加工中刀具的铣钻比对螺旋铣削中稳定切削过程的轴向力影响并不明显，因此可以认为加工过程中铣钻比并不会影响刀具稳定切削过程的轴向力。

CFRP 螺旋铣削中刀具底刃穿过工件的最底层后，刀具底刃不再对工件进行切削，由底刃产生的轴向力快速下降至零。刀具的侧刃对出口处剩余的材料继续切削，受到刀具侧刃螺旋槽的影响，侧刃产生的轴向力与轴向进给方向相反。图 4-8 记录了 7mm 刀具在铣钻比为 0.3、1.5 和 3 时刀具加工出口处材料所产生的轴向力。

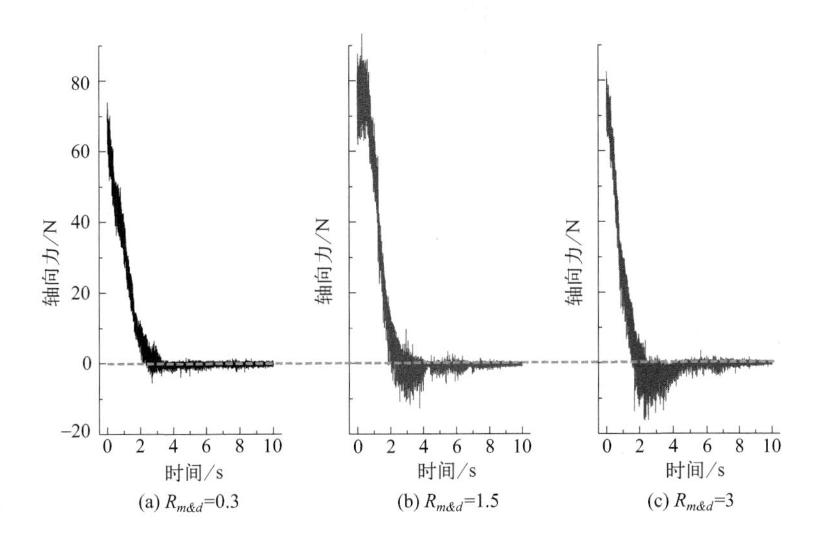

图 4-8　铣钻比对出口处加工轴向力的影响

在铣钻比较小时，刀具直径与孔径相接近，出口处需要刀具侧刃去除的材料体积相对较小，侧刃作用时间短，轴向力作用不明显。随着铣钻比的增加，所加工孔的直径逐渐增大，出口处由刀具侧刃去除的材料体积也同时增加，侧刃作用时间延长，轴向力作用效果逐渐明显。不同直径刀具以不同铣钻比进行螺旋铣削加工时，出口处轴向力均存在该变化趋势，可见随着铣钻比的增加，刀具突破工件最底层材料后，作用在工件上的负向轴向力的大小及作用时间都有明显增强。

为了评价铣钻比对出口处加工质量的影响，本书引入了分层系数 F_d 来评价不同铣钻比下出口的加工效果。分层系数[86] 的计算方法见式(4-2)。

$$F_d=\frac{D_{\max}}{D_{\text{nom}}} \tag{4-2}$$

式中　F_d——分层系数，损伤区域直径与孔径的比值。

$D_{\max}$——出口处撕裂、分层损伤所形成区域的直径，mm；

D_{nom}——所加工孔的直径，mm。

F_d 越接近 1，损伤区域尺寸越小，即出口处加工质量越好。D_{max} 和 D_{nom} 所示范围如图 4-9 所示。

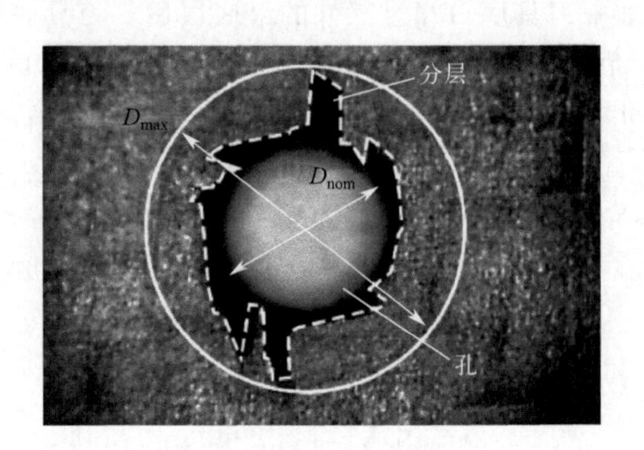

图 4-9　D_{max} 和 D_{nom} 所示范围

不同直径刀具在不同铣钻比下的出口质量如图 4-10 所示。

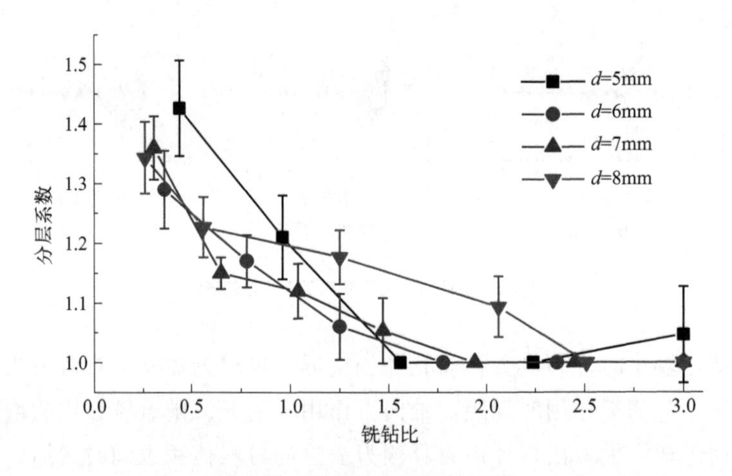

图 4-10　不同铣钻比下的出口质量

由图 4-10 可见，不同直径刀具在较小的铣钻比下，即刀具尺寸与所加工孔的尺寸相近时出口处的分层系数较大，出口质量较差。随着铣钻比的提高，可以发现出口处的分层系数逐渐下降，因此在加工同一尺寸的孔时，使用较小尺寸的刀具以获得较大的铣钻比有助于提高出口质量。

通过上述研究可以发现，螺旋铣削中刀具直径和铣钻比的选择对加工质量和刀具寿命有着重要影响。而加工温度对 CFRP 的加工质量也存在重要的影响，本书对铣钻比与加工温度间的影响关系进行试验研究。试验中使用 10mm 厚的 CFRP 试件，选用直径为 5mm、6mm、7mm、8mm 的 4 把刀具，以主轴转速

2000r/min，螺距 1mm，偏心距以 0.5mm 为起始，每 0.5mm 为一档直至刀具半径为止进行螺旋铣削加工。

4.3 螺旋铣削刀具运动特性及切屑特征研究

与传统钻削、侧铣、端铣相比，螺旋铣削加工过程中刀具的运动路径更为复杂，影响刀具轨迹的参数更多，且每个参数的改变都会导致刀具轨迹、切屑形状和切削力发生变化，因此本书探究各工艺参数与刀具路径、切屑形状之间的影响关系是建立切削力模型、准确预测切削力的基础。

4.3.1 螺旋铣削刀具运动学分析

螺旋铣削刀具运动过程如图 4-11 所示。

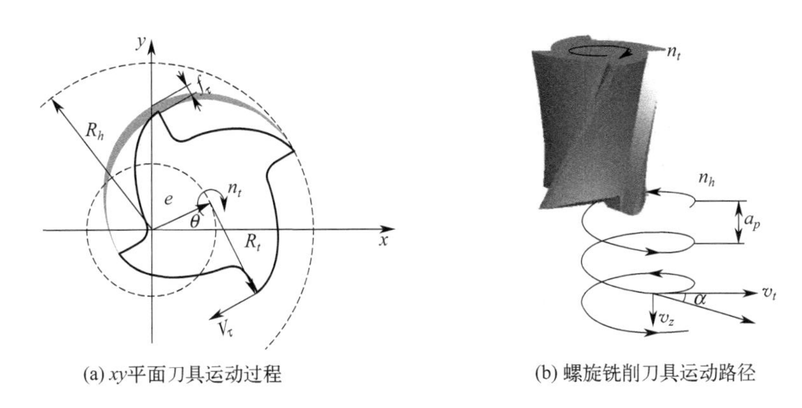

(a) xy平面刀具运动过程 (b) 螺旋铣削刀具运动路径

图 4-11 螺旋铣削刀具运动

在螺旋铣削过程中刀具围绕自身轴线高速转动，同时刀具还沿着螺旋线做进给运动，因此螺旋铣削可以看做是刀具在水平面内做圆周铣削加工和刀具在竖直方向做钻削加工的合运动。其加工过程中刀具沿螺旋线轨迹运动，孔的直径、螺旋线直径、刀具直径存在特定的函数关系。

螺旋铣削过程中刀具以 n_t（r/min）的转速进行转动，以 n_h（r/min）的转速绕孔的轴线做行星运动，则对应的角速度可表示为：

$$\omega_t = \frac{2\pi n_t}{60} \tag{4-3}$$

$$\omega_h = \frac{2\pi n_h}{60} \tag{4-4}$$

式中　ω_t——刀具围绕刀具轴线自转角速度，rad/s；

ω_h——刀具围绕孔轴线公转角速度，rad/s。

由图 4-11 可以观察到，螺旋铣削的刀具运动由刀具端面所在平面内进给速度为 v_t 的侧铣，与轴向进给速度为 v_z 的钻削共同构成。由图 4-11(a) 可知，使用半径为 R_T（直径为 D_T）的刀具，通过偏心加工可以加工半径为 R_h（直径为 D_h）的孔，由此可知偏心距 e 为：

$$e=R_h-R_T \tag{4-5}$$

与侧铣、钻削的线性路径不同，螺旋铣削的刀具在三维空间内运动，为了方便分析，将一个极小时间段内的切削过程进给路径看作是一条极短的直线。如果将螺旋铣削刀具运动轨迹展开就会形成一条与水平方向角度成 α 的斜线，如图 4-11(b) 所示，α 是该运动轨迹的螺旋升角，水平运动速度 V_t 与轴向运动速度 V_z 的比值即为螺旋升角 α 的正切值。刀具中心的投影在 XY 平面上每运动 360°，刀具沿 Z 轴方向运动一个螺距 a_p 的长度，而刀具中心在水平方向上运动的距离与螺距的比值同样为螺旋升角 α 的正切值。螺距 a_p 是该运动轨迹的另一重要参数，轴向运动速度 V_z 可表示为：

$$V_z=a_p n_h \tag{4-6}$$

假设加工过程中使用的刀具含有 N 个切削刃，则加工过程中刀具轴向每齿进给量 f_z 可表示为：

$$f_z=\frac{V_z}{n_t N} \tag{4-7}$$

同理，半径为 R_T（直径为 D_t）的刀具刀尖在水平方向的切削速度 V_τ 为：

$$V_\tau=2\pi R_T n_t \tag{4-8}$$

刀具端部中心沿螺旋轨迹运动，则刀具中心的水平运动速度 V_t 为：

$$V_t=2\pi e n_h \tag{4-9}$$

刀具水平方向的每齿进给量 f_τ 为：

$$f_\tau=\frac{V_t}{n_t N} \tag{4-10}$$

由此可见刀具端部中心点在水平方向运动的长度 l_p，中心点轴向运动长度 l_v 均与刀具轴线所围绕加工孔轴线转动角度 θ 呈线性关系，即

$$l_p \propto \theta \tag{4-11}$$

$$l_v \propto \theta \tag{4-12}$$

4.3.2　螺旋铣削切屑特征分析

螺旋铣削时刀具沿螺旋线运动，当刀具中心点在水平方向运行一个圆周，刀

具在轴线方向向下运动了一个螺距的距离。在刀具进入下一个运动周期时，切削刃会对上一个周期内刀具切削所形成的表面进行加工，螺旋铣削过程中工件内部待加工表面形状如图 4-12 所示。

图 4-12　CFRP 螺旋铣削工件内部待加工表面形状

在机械建模或力学建模的方法中都需要对去除材料的体积进行计算，切屑宽度与切屑厚度的准确程度直接影响着切削力模型的准确性。因此准确描绘出刀具与已加工表面相交线及去除未变形材料的厚度对切削力建模十分重要。

4.3.2.1　未变形切屑宽度

由式(4-11)、式(4-12) 可知，刀具在水平方向的运动长度 l_p 与刀具轴向运动长度 l_v 有固定的线性关系。将螺旋铣削中刀具的一个公转周期等分为 k 步，则刀具每运动一步，刀具在 Z 轴方向向下运动 a_p/k，通过示意图 4-13 对该过程进行描述。

图 4-13(a) 中将一个公转运动周期等分为 9 份即 $k=9$，刀具端部中心点沿黑色细实线顺时针运动，刀具切削材料时最后与材料接触的是刀具端部的后半部分，因此刀具端部的后半部分与材料接触后形成的曲面为后续加工中的待加工表面。灰色细实线所描绘的圆为刀具在第 k 步($k=2,3,\cdots,9$)时刀具所在位置，黑色粗实线描绘的圆为刀具在 k_1 以及 k_{10} 时所在位置，即刀具围绕孔轴线运动一个周期后轴向向下运动一个螺距，水平方向回到最初位置。刀具在 k_{10} 时与k_2～k_9 的交点由黑色圆点标记，每两个相邻交点的轴向距离为 a_p/k。换用不同直径刀具加工同一直径孔，重复上述过程并将所有结果绘制在同一图形中，结果如图 4-13(b) 所示。通过观察可以发现在加工同一尺寸孔时，如果螺距保持一致，刀具与已加工表面相交线上各点的高度只和该点与刀具运动轨迹轴线的相对角度有关，与刀具直径无关（当 $D_h>D_t>R_h$ 时）。

(a) 刀具与已加工表面接触位置

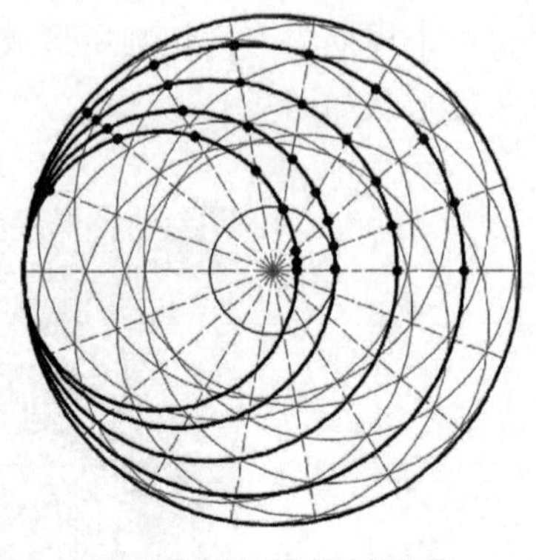
(b) 不同直径刀具的接触位置

图 4-13　刀具水平方向运动位置示意图

在螺旋铣削时刀具围绕轴线运动，刀具每次切削工件均对上一循环中刀具所产生的加工表面进行加工，在稳定切削过程中刀具每齿去除材料的面积相同，即刀具与已加工表面相交线形状始终保持不变。图 4-14 为一半径 R_t 的刀具围绕轴线 OZ' 螺旋铣制半径为 R_h 的孔时，切屑宽度 h 示意图。

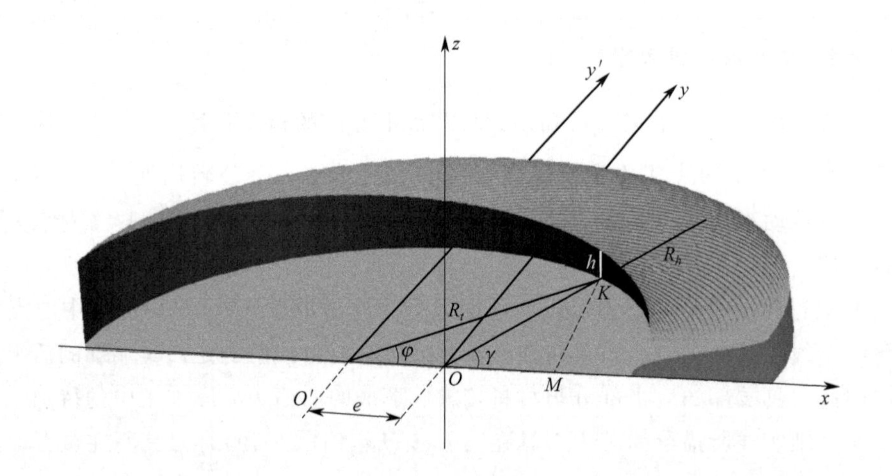

图 4-14　切屑宽度示意图

由先前分析可知，刀具与已加工表面交线上各点的高度只与其所转过的角度有关，因此各点相对于刀具底部的高度有：

$$h=a_p\frac{\gamma}{\pi} \tag{4-13}$$

根据图 4-14 中刀具坐标系与工件坐标系间的几何关系可获得刀具底部与已

加工表面交线上各点的高度差 h：

$$KM=R_t\sin\varphi \tag{4-14}$$

$$OM=\begin{cases} R_t\cos\varphi+e & \pi>\varphi\geqslant\dfrac{\pi}{2} \\ e-R_t\cos\varphi & \dfrac{\pi}{2}>\varphi\geqslant\arccos\dfrac{e}{R_t} \\ R_t\cos\varphi-e & \arccos\dfrac{e}{R_t}>\varphi>0 \end{cases} \tag{4-15}$$

$$\gamma=\arctan\frac{KM}{OM} \tag{4-16}$$

$$h=a_p\frac{\gamma}{\pi}$$

$$=a_p\frac{\arctan\dfrac{R_t\sin\varphi}{OM}}{\pi} \tag{4-17}$$

式中 φ——切削刃转动角度，rad；

γ——切削刃相对孔轴线的角度位置，rad。

通过式（4-17）即可对不同角度下未变形切屑的宽度进行计算。图 4-15 中列举了在不同刀具直径-孔径比下未变形切屑的形状。

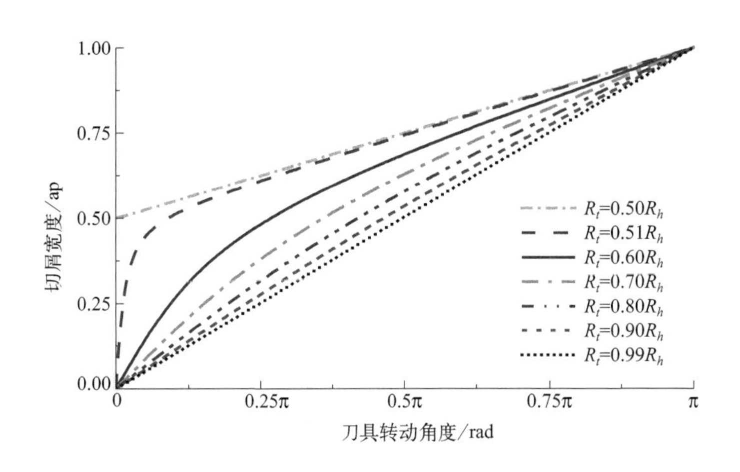

图 4-15　刀具直径对切屑形状的影响

如图 4-15 所示，刀具尺寸与所加工孔直径的比值是影响切屑形状的关键因素，当螺旋铣削使用的刀具直径等于孔的半径时，侧刃产生的未变形切屑形状是一个底边分别为 $0.5a_p$ 和 a_p 的梯形。当刀具直径十分接近所加工孔的直径时，侧刃产生的未变形切屑形状十分接近一个直角边长分别为 πR_t 和 a_p 的直角三角形。当刀具的直径介于所加工孔的半径和直径之间时，切屑的上边缘形状较为复杂，但可根据式(4-17) 计算获得。

4.3.2.2 未变形切屑厚度

螺旋铣削过程中刀具底部切削刃进行轴向切削时切削面积与刀具的横截面面积相等并保持不变，厚度为轴向每齿进给量[123]。刀具在水平方向运动时只有刀具的前半部分会与材料发生接触。为了方便分析，将一个极短的切削过程中刀具的进给路径看作是一条极短的线段。

如图 4-16 所示，刀具中心的初始位置为 O 点，当第 i 齿从 m 点转动至 n 点即完成一次切削，刀具向前运动了 $\mathrm{d}f$，以刀具表面 B 点为例，运动后到达 A 点，而刀具转动状态下该点的切削厚度为 h'。

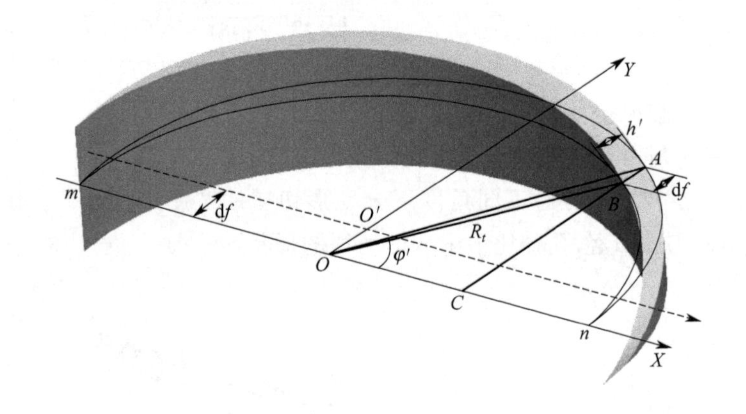

图 4-16 未变形切屑厚度变化

由刀具几何位置关系有：

$$(AC-\mathrm{d}f)^2+OC^2=R_t^2 \tag{4-18}$$

$$\sqrt{AC^2+OC^2}=R_t+h' \tag{4-19}$$

$$\varphi'=\arctan\frac{AC}{OC} \tag{4-20}$$

由于刀具的切削速度要远大于刀具在水平方向的运动速度，刀具水平方向的每齿进给量较小，令 $AC^2+OC^2={R_t}^2$ 则有：

$$BC=R_t\cos\varphi' \tag{4-21}$$

$$h'=\sqrt{(R_t\sin\varphi'+\mathrm{d}f)^2+(R_t\cos\varphi')^2}-R_t \tag{4-22}$$

由式(4-22) 可得出由刀具转动所引起的未变形切屑厚度变化。

4.4 螺旋铣削切削力建模

4.4.1 螺旋铣削切削力模型的建立

切削力是切削过程中最为重要的物理现象之一，对刀具的磨损、刀具寿命、加工质量产生直接的影响。国内外学者对切削过程中切削力的预测给予了广泛的关注，现有的建模方法大致可以分为两类：一类是基于实验及数据统计建立经验模型，即根据金属切削理论通过回归拟合等方法建立切削速度、每齿进给量、轴向及径向切深等加工参数与切削力的函数关系，这种模型需要大量的实验数据，并且对具体的加工过程考虑不足、精度较差。

另一类是力学模型，最早是由 Sabberwal 和 Koenigsberger 等[148] 提出，认为切削力与未变形切屑的面积成正比，通过切削力系数与切削微元的乘积计算加工中的三向切削力。即沿着轴向将切削刃离散为若干个切削刃微元，用切削力系数与切削面积的乘积代替微元切削力，而切削面积为未变形切屑的宽度与切削深度的乘积，然后根据实际的切削状态沿着切削刃将各个切削刃微元的切削力进行积分，并将各切削刃的切削力进行叠加，最终获得完整加工范围内的总切削力。切削力系数的获取是实现铣削力模型的关键，通常情况下铣削力系数与刀具材料、工件材料、刀具的几何角度以及加工状态有关。该方法有许多变形，但无论哪种方式，切削力系数的识别都需要针对特定刀具和工件的试验来进行[124]。力学模型以瞬时刚性力为基础，认为刀具和工件在加工过程中均不发生变形，即忽略动态变形对切削力的影响，建模过程相对简单，并对加工过程中切削力具有较好的预测效果。因此本书采用该方法对 CFRP 螺旋铣削的切削力进行建模。

在建立力学模型的过程中首先分别对刀具及工件建立坐标系。其中刀具坐标系 $OXYZ$ 是以立铣刀底刃端面中心为坐标原点，以刀具的回转中心为 Z 轴，以竖直向上为正方向，以底刃所在平面为 XOY 平面。工件坐标系 $O_wX_wY_wZ_w$ 是以所加工孔的轴线为 Z 轴，以竖直向上为正方向，以所加工孔轴线与工件下表面的交点为原点，以工件的下表面为 $X_wO_WY_w$ 平面。

根据切削刃微分的思想，将刀具切削刃沿 Z 轴离散成一定数量长度极小的切削刃微元，以微元为坐标系原点，以竖直向上为 Z 轴正方向，以切削刃微元的运动方向为 X 轴，以穿过切削微元指向刀具轴线为 Y 轴，建立切削微元坐标系 $O_eX_eY_eZ_e$。在加工过程中每个切削微元与工件相互作用产生切削力，瞬时刚性力模型中切削力由剪切力和犁切力两部分组成，剪切力与未变形的切屑面积呈正比，犁切力与切削长度成正比[133,149]。因此刀具上第 j 个切削刃高度为 z

的切削刃微元所产生的切削力可以表示为：

$$\begin{cases} dF_{tj}=K_{tc}h_j(\varphi_j,z)dz+K_{te}ds \\ dF_{rj}=K_{rc}h_j(\varphi_j,z)dz+K_{re}ds \\ dF_{aj}=K_{ac}h_j(\varphi_j,z)dz+K_{ae}ds \end{cases} \tag{4-23}$$

式中　F_{tj}——微元切向力，N；

F_{rj}——微元径向力，N；

F_{aj}——微元轴向力，N；

z——切削微元高度，mm；

s——切削微元弧长，可表示成 $ds=dz/\cos\beta$；

β——刀具的螺旋角，mm；

h_j——未变形切屑厚度，可由式（4-22）计算获得，mm；

K_{tc}、K_{rc}、K_{ac}——剪切力系数；

K_{te}、K_{re}、K_{ae}——摩擦产生的刃口力系数。

螺旋铣削三维切削力建模的基本过程如下。

① 沿刀具的轴线方向将刀具离散为若干切片，则刀具上每条切削刃离散为若干切削微元。

② 将每个切削刃微元所受到的切削力以切削力系数与微元切屑面积负载乘积的形式进行表达。

③ 将复杂的切削过程视为沿轴向许多切削微元的综合作用，将参与切削的所有微元的切削力矢量叠加，就可得到刀具的三维切削力。

④ 计算所有离散时间点刀具的瞬时切削力，就可以获得完整加工过程中切削力的动态变化过程。

立铣刀在加工过程中底刃侧刃在不同的加工阶段均会参与切削[123,150]，因此对立铣刀螺旋铣削过程切削力建模要充分考虑不同加工阶段参与切削的切削刃对切削力的影响。

$$F(t)=F_M(t)+F_P(t) \tag{4-24}$$

式中　F——总切削力，N；

F_M——底刃所产生的切削力，N；

F_P——侧刃所产生的切削力，N。

螺旋铣削中刀具的自转速度远大于刀具的公转速度，因此刀具公转对底刃切削力所造成的影响可以忽略不计。与钻削过程相似，刀具底刃各切削刃在加工过程中所产生的切向力、径向力在底刃所在平面内会相互抵消，则切削力模型中只需计算刀具底刃沿刀具轴线方向的切削力。

由底刃微元产生的轴向力 F_{Mi}、切向力 $F_{\tau Mi}$ 可通过切削力系数、切削宽度、切屑厚度进行表达。

$$F_{Mi}=(K_{Mac}h_{za}+K_{Mae})R_i \tag{4-25}$$

$$F_{\tau Mi}=(K_{M\tau c}h_{za}+K_{M\tau e})R_i \tag{4-26}$$

$$F_M=\sum_{j=1}^{N}\int_0^{R_t}F_{Mi}\,\mathrm{d}R_i \tag{4-27}$$

式中 K_{Mac}——轴向剪切力系数；

$K_{M\tau c}$——切向剪切力系数；

K_{Mae}——轴向摩擦产生的刃口力系数；

$K_{M\tau e}$——切向摩擦产生的刃口力系数；

h_{za}——切屑厚度，mm；

R_i——微元位置半径，mm；

j——切削刃的序号。

在螺旋铣削过程中，刀具围绕刀具轴线进行自转，围绕所加工孔的轴线进行公转，其位置关系如图 4-17 所示。

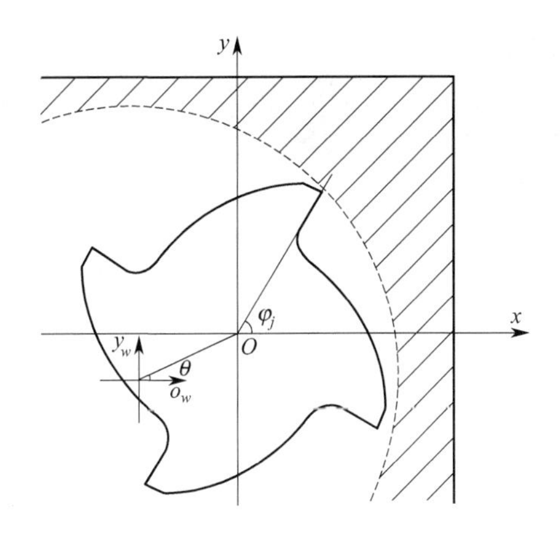

图 4-17 刀齿角度位置关系

则刀具、刀齿位置可由下式进行计算：

$$\theta_t(t)=\theta_0+\omega_h t \tag{4-28}$$

$$\varphi_{e1}=\varphi_0+\omega_t t \tag{4-29}$$

$$\varphi_e=2\pi/N \tag{4-30}$$

$$\varphi_{ej}=\varphi_{e1}+(j-1)\varphi_e \tag{4-31}$$

$$\varphi_j(t,z)=\varphi_{ej}+\frac{z_e\tan\beta}{R_t} \tag{4-32}$$

式中　θ_0——刀具相对所加工孔轴线的初始角度，rad；

θ_t——刀具在 t 时刻所在的角度，rad；

φ_0——刀具的第一切削刃相对刀具坐标系的初始角度，rad；

φ_{e1}——第一切削刃在 t 时刻相对刀具坐标系的所在角度，rad；

φ_e——刀具的齿间角，rad；

φ_{ej}——第 j 切削刃在 t 时刻相对刀具坐标系的所在角度，rad；

z_e——切削刃微元所在高度，mm；

φ_j——第 j 切削刃上高度为 z_e 的切削微元相对刀具坐标系所在角度，rad。

刀具在转动过程中切削刃微元只可以在一定的角度范围内对工件进行切削，假设 φ_{st} 为刀具切削刃微元与材料接触的起始角度，φ_{ex} 为刀具切削刃微元切除工件的最终角度，由此可知只有当切削刃微元位于切入角度与切出角度之间时，切削刃微元才会与材料发生接触，即只有在两个角度之间才会有微元切削力产生。在螺旋铣削中立铣刀侧刃所形成的加工表面如图 4-18 所示。

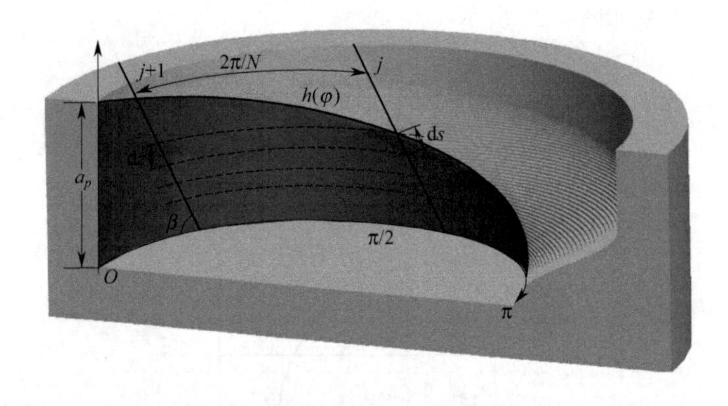

图 4-18　螺旋铣削中立铣刀侧刃加工表面

图中斜线为展开后的铣刀切削刃，$h(\varphi)$为切屑的上边缘，即刀具转动过程中在阴影范围内的切削微元与工件发生切削作用。切削微元相对位置可由式(4-32) 计算获得，未变形切屑的上边缘可由式(4-17) 计算获得。

根据上述分析，切削刃微元只要根据如下条件就可以判定其是否参与切削。

$$\varphi_{st}<\varphi_j<\varphi_{ex} \tag{4-33}$$

建立函数 $g(\varphi_j)$用以判断刀齿是否切入工件，即

$$g(\varphi_j)=\begin{cases}1 & \varphi_{st}\leqslant\varphi_j\leqslant\varphi_{ex}\\0 & \varphi_j<\varphi_{st}\ 或\ \varphi_{ex}<\varphi_j\end{cases} \tag{4-34}$$

因此侧刃上切削微元所产生的切削力可表示为：

$$
\begin{cases}
\mathrm{d}F_{tj}=g(\varphi_j)[K_{tc}h_j(\varphi_j,z)\mathrm{d}z+K_{te}\mathrm{d}s] \\
\mathrm{d}F_{rj}=g(\varphi_j)[K_{rc}h_j(\varphi_j,z)\mathrm{d}z+K_{re}\mathrm{d}s] \\
\mathrm{d}F_{aj}=g(\varphi_j)[K_{ac}h_j(\varphi_j,z)\mathrm{d}z+K_{ae}\mathrm{d}s]
\end{cases} \tag{4-35}
$$

通过坐标转换，将微元切削力由微元坐标系转换至刀具坐标系下。

$$
\begin{cases}
\mathrm{d}F_{xj}^{t}=-\cos(\varphi_j)\mathrm{d}F_{tj}-\sin(\varphi_j)\mathrm{d}F_{rj} \\
\mathrm{d}F_{yj}^{t}=\sin(\varphi_j)\mathrm{d}F_{tj}-\cos(\varphi_j)\mathrm{d}F_{rj} \\
\mathrm{d}F_{zj}^{t}=\mathrm{d}F_{aj}
\end{cases} \tag{4-36}
$$

式中　F_{xj}^{t}，F_{yj}^{t}，F_{zj}^{t}——刀具坐标系下的微元切削力，N。

将第 j 切削刃上参与切削的切削微元切削力沿着刀具轴向进行累加，再将参与切削的切削刃所产生的切削力进行叠加。

$$
\begin{cases}
F_{x}^{tP}=\sum_{j=1}^{N}\int_{0}^{a_p}[-\cos(\varphi_j)\mathrm{d}F_{tj}-\sin(\varphi_j)\mathrm{d}F_{rj}]\mathrm{d}z \\
F_{y}^{tP}=\sum_{j=1}^{N}\int_{0}^{a_p}[\sin(\varphi_j)\mathrm{d}F_{tj}-\cos(\varphi_j)\mathrm{d}F_{rj}]\mathrm{d}z \\
F_{z}^{tP}=\sum_{j=1}^{N}\int_{0}^{a_p}\mathrm{d}F_{aj}\mathrm{d}z
\end{cases} \tag{4-37}
$$

式中　F_{x}^{tP}，F_{y}^{tP}，F_{z}^{tP}——刀具坐标系下的切削力，N。

最后，再将刀具坐标系下的切削力转换至工件坐标系下，并将刀具底刃所产生的轴向力相加。

$$
\begin{cases}
F_{x}^{w}=F_{x}^{tP}\cos\theta_t+F_{y}^{tP}\sin\theta_t \\
F_{y}^{w}=-F_{x}^{tP}\sin\theta_t+F_{y}^{tP}\cos\theta_t \\
F_{z}^{w}=F_{z}^{tP}+F_M
\end{cases} \tag{4-38}
$$

式中　F_{x}^{w}，F_{y}^{w}，F_{z}^{w}——工件坐标系下的切削力，N。

切削力具体计算过程如图 4-19 所示。

4.4.2　切削力系数的辨识

由 4.1.2 部分分析可知，螺旋铣削中立铣刀的底刃和侧刃都产生沿刀具轴线方向的轴向力，底刃产生的轴向力与刀具轴向运动方向相同，侧刃产生的轴向力与底刃产生的轴向力方向相反，因此需要分别对底刃及侧刃的切削力系数进行辨识。

力学模型中将切削力看作是剪切力和犁切力的合力。一般情况下认为犁切力与剪切力无关，且不依赖于切屑的厚度，而剪切力与未变形切屑的厚度密切相

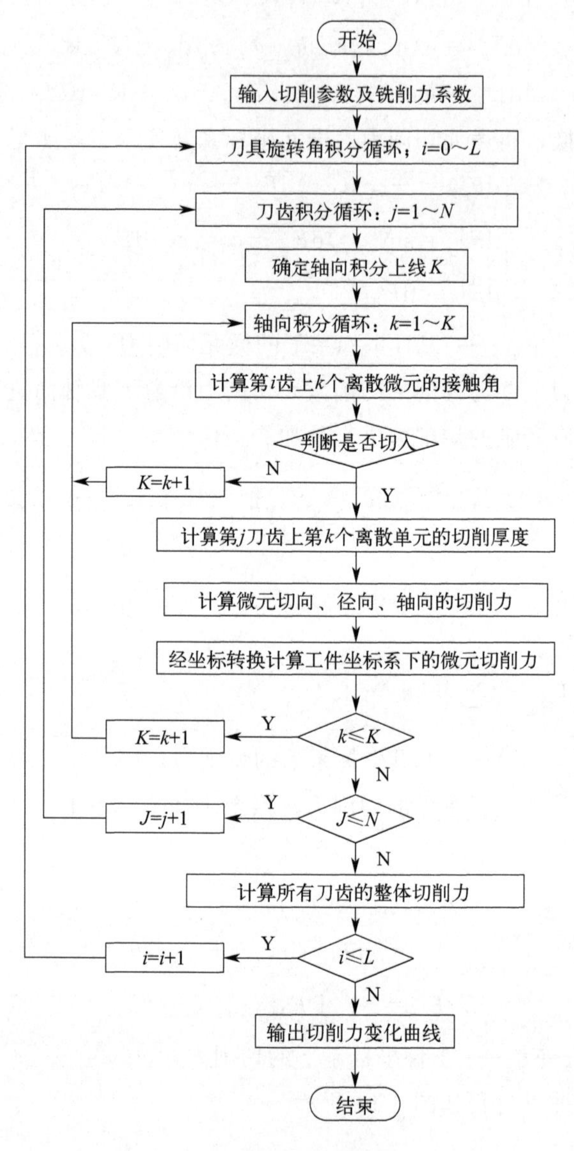

图 4-19 切削力计算流程

关，因此加工过程中切削刃产生沿切削速度 v_c 方向的切削力如图 4-20 所示。

切削微元产生的切削力可以表示为：

$$F_q = F_c + F_e \tag{4-39}$$

$$\overline{F}_q = \overline{F}_{qt} a_f + \overline{F}_{qe} \tag{4-40}$$

式中 F_c——切削刃产生的剪切力，N；

F_e——切削刃产生的犁切力，N；

$\overline{F}_q$——切削微元产生的平均切削力，N；

$\overline{F}_{qt}$——切削微元产生的平均剪切力，N；

$\overline{F}_{qe}$——切削微元产生的平均犁切力，N；

a_f——切屑厚度，mm。

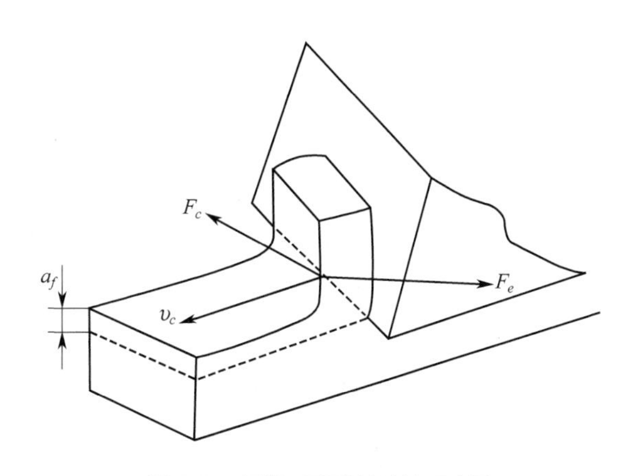

图 4-20　切削刃受到的切削力示意图

根据 Budak 等[151] 所提出的切削力系数快速标定方法对螺旋铣削切削力系数进行标定，螺旋铣削中切削力模型的建模过程与普通铣削过程相似，但最后还需要将刀具坐标上的切削力再转换到工件坐标系上。显然在将切削力从刀具坐标系转换至工件坐标系的过程中不会改变刀具产生的切削力大小。因此在使用相同的切削参数进行螺旋铣削或侧铣时刀具侧刃产生了相同的切削力。采用普通的铣削加工，利用槽铣、钻削代替螺旋铣削过程中刀具侧刃、底刃的加工过程不仅可以获得所需的切削力模型系数还可以有效地简化实验过程。

Wang 等[152] 对切削力系数的辨识方法进行了研究，指出铣削过程中刀具每转动一周所去除的材料体积是固定的，因此将铣削过程中刀具转动一周所受到的总铣削力除以刀齿之间的夹角，就可以计算该状态下的平均铣削力。其切向、径向、轴向平均切削力可表示为：

$$
\begin{aligned}
\overline{F}_x &= -\frac{1}{\phi_p}\int_{\phi_{st}}^{\phi_{ex}} F_x(\phi)\,\mathrm{d}\phi \\
\overline{F}_y &= \frac{1}{\phi_p}\int_{\phi_{st}}^{\phi_{ex}} F_y(\phi)\,\mathrm{d}\phi \\
\overline{F}_z &= \frac{1}{\phi_p}\int_{\phi_{st}}^{\phi_{ex}} F_z(\phi)\,\mathrm{d}\phi
\end{aligned}
\tag{4-41}
$$

式中　$\overline{F}_x$，$\overline{F}_y$，$\overline{F}_z$——切削微元在 X，Y，Z 方向产生的平均切削力，N；

ϕ——刀具转动角度，rad。

刀具在进行侧铣、槽铣的过程中只有部分刀刃与工件发生接触，即只有与工件发生接触的刀刃会产生切削力。以 ϕ_{st}，ϕ_{ex} 为边界对刀具坐标系下的各向切削力进行积分。为简化实验及计算过程，以刀具直径为槽宽进行开槽加工时，即 $\phi_{st}=0$，$\phi_{ex}=\pi$，通过固定主轴转速，以不同的进给量进行一系列的槽铣加工试验，通过线性回归将实验数据写为式(4-40)的形式，并计算与侧刃相关的切削力系数。通过相近的方法，使用刀具底刃对不同直径的柱状试件进行钻削实验，获取与底刃相关的切削力系数。

切削力系数辨识实验中使用与4.1.2部分中相同的实验装置，选用直径为8mm，K20型硬质合金棒料磨制的四刃立铣刀，刀具无涂层，螺旋角为30°，切削刃的前角及后角均为7°，刃口钝圆半径0.04mm。工件选用以树脂材料为基体以T300级碳纤维为增强相的多向层合板，共38层铺层，最顶层及底层材料使用交叉编织的碳纤维布，中间36层单向预浸布以0°，+45°，90°，−45°进行铺覆，经过高压成型和高温固化后切割成90mm×90mm×5mm的工件备用。

在针对侧刃的切削力系数辨识实验中为了避免刀具底刃对实验结果的影响，实验中完全利用刀具的侧刃在工件上加工宽为刀具直径8mm，深度为工件厚度5mm的键槽，避免刀具底刃参与切削。以固定的主轴转速1000r/min，不同的每齿进给量0.0025mm/t、0.005mm/t、0.001mm/t、0.002mm/t进行切削并记录加工过程的切削力，重复进行3次实验取平均值并进行拟合，计算与刀具侧刃相关的切削力系数。

在针对刀具底刃切削力系数辨识的实验中为了避免刀具侧刃产生的轴向力对实验结果的影响，实验采用钻削加工不同直径的圆台[150,153]。使用刀具在工件上加工出半径为1mm、1.5mm、2mm、2.5mm、3mm、3.5mm、4mm的圆台备用。实验中刀具以固定的转速1000r/min，不同的轴向每转进给量0.0025mm/t、0.005mm/t、0.01mm/t、0.02mm/t进行钻削实验，记录加工过程的轴向力及转矩，重复进行3次实验取平均值并进行拟合，计算与刀具底刃相关的切削力系数。

4.4.3 切削力系数辨识结果及模型验证

在对CFRP螺旋铣削切削力系数辨识的实验中为了避免刀具磨损对结果造成的影响，每完成一组辨识实验都需要更换一把新的刀具。以平稳切削过程的切削力作为计算依据，并取三组实验数据的平均值用于切削力系数的辨识，辨识结果如表4-6所示。

表 4-6 立铣刀切削力系数

<table>
<tr><td>切削刃类别</td><td colspan="6">铣削力系数</td></tr>
<tr><td rowspan="2">立铣刀侧刃</td><td>K_{ptc}</td><td>K_{pte}</td><td>K_{prc}</td><td>K_{pre}</td><td>K_{pac}</td><td>K_{pae}</td></tr>
<tr><td>580.50</td><td>5.02</td><td>866.40</td><td>13.32</td><td>−220.38</td><td>−0.99</td></tr>
<tr><td rowspan="2">立铣刀底刃</td><td colspan="3">K_{mac}</td><td colspan="3">K_{mae}</td></tr>
<tr><td colspan="3">$269.90D_t$</td><td colspan="3">$16.93D_t$</td></tr>
</table>

从表 4-6 可以发现，切削力系数 K_{pac} 和 K_{pae} 为负值，代入模型中即可发现立铣刀的侧刃产生的轴向力与刀具的轴向进给方向相反。因此螺旋铣削中引起分层损伤的轴向力完全是由刀具底刃产生的，并且由辨识结果可知轴向力的大小与底部切削刃直径呈正相关。

在获得了切削力系数后就已经具备了实现 CFRP 螺旋铣削切削力预测的全部条件，代入切削力系数的切削力模型可用于不同切削参数下的切削力预测。首先对模型的准确性进行验证。本书通过对主轴转速、轴向进给量、切向进给量三个切削参数进行不同组合，考察切削力模型的预测精度，CFRP 螺旋铣削切削力模型验证试验加工参数如表 4-7 所示。

表 4-7 CFRP 螺旋铣削切削力模型验证试验加工参数

序号	主轴转速/(r/min)	轴向进给量/(mm/t)	切向进给量/(mm/t)
1	1000	0.0025	0.016
2	1500	0.00375	0.025
3	2000	0.005	0.032
4	2000	0.00625	0.04

图 4-21 为使用 8mm 立铣刀、偏心距 1mm、主轴转速 1000r/min、轴向进给量 0.0025mm/t、切向进给量 0.016mm/t 时切削力的实验结果及模型预测结果。

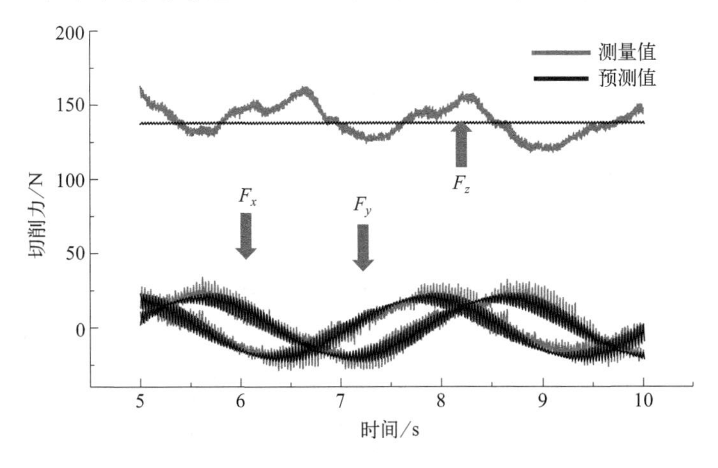

图 4-21 立铣刀螺旋铣削切削力及模型预测结果

通过对图中实验结果与模型预测结果的观察可以发现，切削力模型能较为准确地预测出加工过程中 X 向、Y 向切削力的大小及变化趋势，同时轴向力的预测结果与实验结果较为接近。表 4-8 列出 CFRP 螺旋铣削切削力模型验证实验中轴向力（F_a）及切削力幅值（F_τ）预测精度。可见切削力模型的预测误差在 16%以内，具有较好的预测精度，可用来预测 CFRP 螺旋铣削切削力。

表 4-8 CFRP 螺旋铣削切削力模型预测精度

序号	测量值/N		预测值/N		误差/%	
	F_a	F_τ	F_a	F_τ	F_a	F_τ
1	143.2	30.3	136.8	25.6	−4.5	−15.5
2	172.6	33.7	152.6	30.1	−11.6	−10.7
3	195.9	35.2	168.5	36.3	−13.9	3.3
4	226.3	37.5	203.2	39.8	−10.2	6.1

CFRP 螺旋铣削切削温度场预测研究

切削温度是一个衡量切削过程的重要物理特征。在金属切削中绝大部分的能量转化为热量传递到工件及刀具的表面，造成了切屑、工件以及刀具温度的升高，切削温度直接影响工件的表面质量，加工精度以及刀具的使用寿命。在加工CFRP 材料时，切削温度通常不会超过 400℃，不会对刀具的使用寿命造成影响，但较高的切削温度会导致树脂基体强度下降甚至融化，使层叠材料的层间强度急剧降低，增加撕裂、分层等严重加工损伤发生的可能性，对工件的质量、使用寿命、可靠性造成不易察觉且不可恢复的严重影响，直接影响安装 CFRP 构件的航天器、飞机等高价值设备的安全。因此对加工 CFRP 过程中切削热的产生和切削温度变化的研究具有重要意义。螺旋铣削作为一种新兴的 CFRP 孔加工方法，其切削过程中加工温度对工件质量的影响鲜有报道，切削参数以及刀具的选用对切削温度的影响也尚未明确。

本章通过加工不同预热温度下的工件对比加工温度对出口质量的影响，采用加工试验研究螺旋铣削中加工参数对切削过程中切削温度的影响，并通过使用不同尺寸刀具研究螺旋铣削中不同铣钻比对加工温度的影响。以第 4 章螺旋铣削切削力模型为基础对螺旋铣削过程中产生的热通量进行计算，建立符合热传导过程的非稳态、三维、非齐次、柱坐标系下的偏微分传热方程，再通过有限差分法对热传导方程进行求解，获得加工过程中工件内部温度场变化过程，最后对该模型的准确性进行验证。

5.1 CFRP 螺旋铣削加工温度对加工质量的影响

为探究加工温度对 CFRP 螺旋铣削加工质量的影响，本书通过对试验样件进行预热的方法模拟加工过程中不同的加工温度，再采用相同的加工参数对不同预热条件的样件进行制孔试验，对比加工效果。

本书采用马沸炉对试件进行预热，在达到预定温度后保温 20min，从而保证试验样品内部的温度达到设定的温度值。加热完成后立即装夹并进行制孔试验。试验中样件温度分别为 25℃、75℃、125℃、175℃、225℃、275℃，使用本书 4.2.1 中直径为 8mm 的硬质合金立铣刀，以主轴转速 1000r/min，切向每转进给量 0.188mm/r，轴向每转进给量 0.02mm/r，偏心距 1mm 进行螺旋铣削加工，共进行两组试验，其出入口的加工质量如图 5-1 所示。

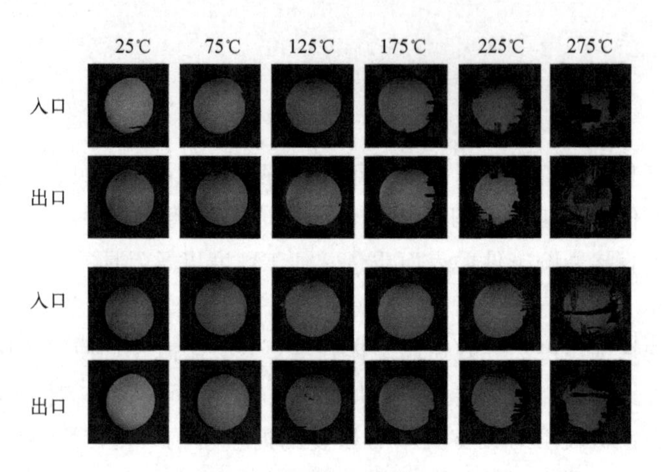

图 5-1　不同初始温度下 CFRP 螺旋铣削出入口的加工质量

由图 5-1 可以发现，工件初始温度在 25～125℃之间时，出入口质量并未出现明显差别。当试件的初始温度高于基体材料的玻璃化温度（约 150℃）后，出入口出现了肉眼可见的加工质量恶化。随着试件初始温度的升高，出入口处的毛刺逐渐增加，并且在试件初始温度为 275℃时，由于基体材料强度不足而导致了出口处存在大量未能完全去除的材料。

为探究加工温度对孔壁质量的影响，将试件沿孔直径方向剖开，当工件初始温度为 25℃、175℃及 275℃时，所加工的孔壁形貌如图 5-2 所示。

取孔的中部位置对孔壁进行拍照，可以发现三幅图中亮度较高部分的碳纤维垂直于拍摄方向，工件由单向预浸布以 0°、+45°、90°、−45°进行铺覆，因此可以得知图像中材料各层的纤维方向。通过观察，可以发现孔壁上的损伤主要集中在纤维剪切角为 135°位置附近的材料处。损伤形式主要表现为微坑，随着工件初始温度的增加，微坑的数量、尺寸及深度都呈增加趋势。可以发现当工件的初始温度达到 275℃时，除了以+45°铺覆的材料发生损伤外，以−45°铺覆的材料处也产生了损伤，主要表现为纤维未能完全去除，以 0°和 90°铺覆的材料加工

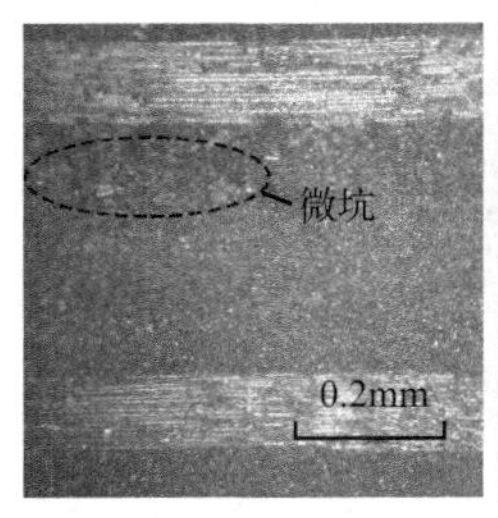

(a) 25℃孔壁形貌

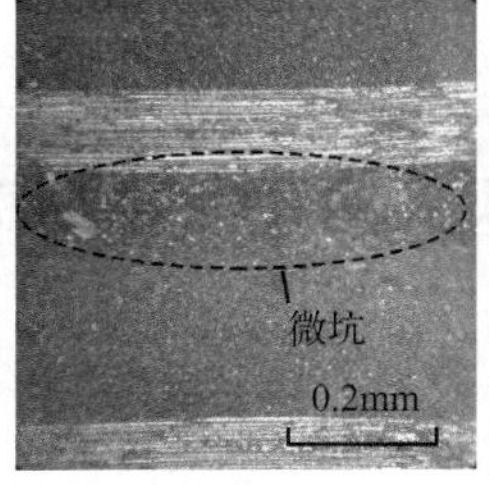

(b) 175℃孔壁形貌

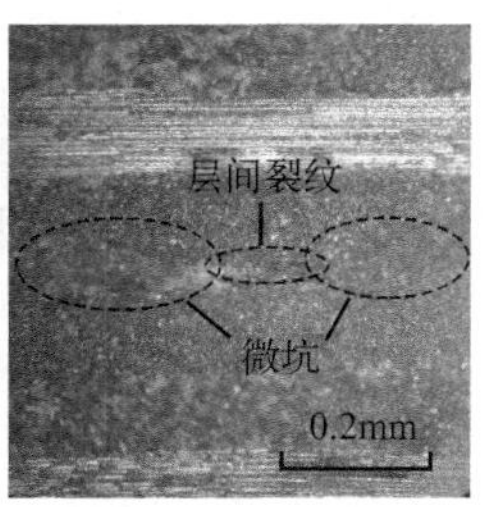

(c) 275℃孔壁形貌

图 5-2 不同预热温度下所加工的孔壁形貌

质量较高，这导致了不同铺覆方向的材料之间产生了明显边界，通过观察还可以发现层间存在细微裂纹。可见较高温度不仅会影响孔出入口的质量，还会对孔壁的质量产生影响，随着工件初始温度的升高，孔壁表面的微坑数量逐渐增加，微坑的深度逐渐增加，随即形成了引发分层损伤的初始裂纹。

图 5-3 为工件初始温度为 275℃时加工所形成的分层损伤处孔壁剖面图像。可以观察到靠近出口处的材料出现了明显的分层损伤，通过显微镜观察后可以发现除靠近出口处的分层损伤外，工件内部还存在几处肉眼观察不到的分层损伤，这可能是由于损伤发生位置处于工件内部，受材料刚度的影响缝隙较小，同时基体材料融化再凝固的过程中填补了损伤的缝隙，导致处于工件内部的分层损伤难以被直接观察到。

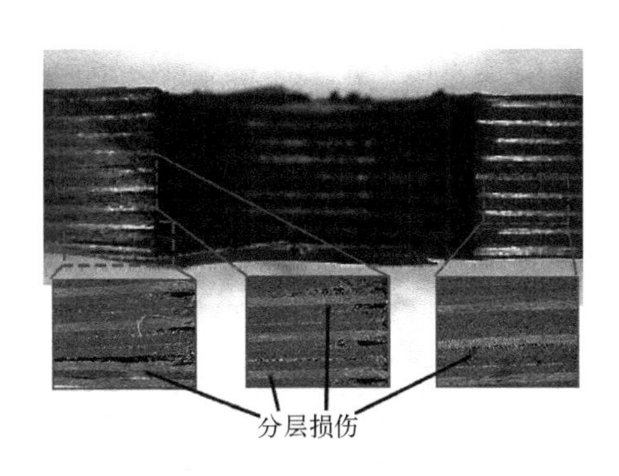

图 5-3 分层损伤处孔壁剖面

据此可知，温度是影响 CFRP 螺旋铣削质量的另一重要因素，它不仅会影响出入口的质量，造成毛刺和撕裂等损伤，影响孔壁的加工质量，还会导致分层损伤的产生，导致构件强度的减退。因此对 CFRP 孔加工温度研究具有重要意义，由于螺旋铣削中刀具在三维空间内往复运动，空气的对流换热作用无法忽视并且在加工过程中工件始终未达到热平衡状态，因此传统铣削温度场模型并不适用，需要根据 CFRP 螺旋铣削加工过程建立温度场预测模型。

5.2 CFRP 螺旋铣削加工温度特性研究

基体材料的强度对 CFRP 材料的结构强度、结构刚度产生严重影响。环氧树脂是一种对温度较为敏感的材料，作为热固性树脂，它存在玻璃化转变温度的物理特征。当环氧树脂的温度超过玻璃化转变温度时，环氧树脂就会从玻璃态转变为高弹态，即在受力较小的状态下就会发生较大的形变（100%～1000%）。环氧树脂的玻璃化转变温度会受到树脂的交联程度的影响，总体而言，交联度在75%～90%时，环氧树脂的玻璃化转变温度为 150～200℃[9]。表 5-1 中列举了温度对交联度为 88%的环氧树脂力学性能的影响。

表 5-1 环氧树脂在不同温度下的力学性能

温度/℃	弹性模量/GPa	泊松比	剪切模量/GPa
25	4.082	0.322	1.544
125	3.145	0.331	1.181
225	1.242	0.417	0.510

当温度从常温升至 125℃时，弹性模量和剪切模量下降超过 23%，与常温相比在 225℃时，弹性模量和剪切模量下降超过 70%。而 CFRP 钻削过程中加工温度可能会超过 300℃。研究表明大量湿气的进入会加速环氧树脂热力学性能的退化，而高温又会加速湿气分子在环氧树脂中扩散，降低树脂与增强相结合面的强度，因此在加工 CFRP 材料时往往不会使用切削液。在加工中也通常不会使用压缩空气进行冷却降温，粉末状的切屑容易被气流吹散，悬浮在空气中，被操作者吸入后会对操作者的健康造成危害，硬度较高的粉末状碳纤维颗粒进入加工机械中将会对机械的使用寿命造成影响。

在干切削的条件下对 CFRP 进行加工，势必会造成加工区域热量积聚，温度升高。CFRP 的切削温度明显低于金属材料的切削温度，加工过程中切削温度不会影响刀具材料的强度，但当切削温度超过树脂材料的玻璃化温度时，基体材料的强度快速下降，导致工件的层间强度不足，在加工轴向力的作用下，层与层间容易发生剥离导致撕裂或分层，引起工件的强度下降，发生在工件内部不易被察觉的分层损伤还会留下安全隐患。因此控制加工温度对保证加工质量和工件使用寿命具有重要意义。

5.2.1 CFRP螺旋铣削加工温度的测量

为了研究CFRP螺旋铣削加工过程中工件内部温度分布及变化情况，需要对加工过程中工件内部的温度进行测量。铣削过程中常用的温度测量方法是利用预先埋置在工件内部的热电偶。螺旋铣削中孔壁处材料受刀具往复式加工的影响，温度呈周期性变化。热电偶受到其固有的物理特性——响应时间的影响，在测量快速、周期性变化的温度时其测量结果会低于实际值，并且埋置热电偶的过程复杂，本实验对测量点的埋置位置要求较苛刻，导致实验的可重复性差，测量过程又容易受到其他信号的干扰影响测量结果。相比之下，使用红外热像仪进行非接触式测量具有明显优势。

① 响应速度快，可对快速动态变化的温度进行测量；

② 测量区域广，可对大面积目标进行测量；

③ 测量点位置精度高。

本书利用红外热像仪对CFRP螺旋铣削进行温度测量，红外热像仪测温示意图如图5-4所示。

测量过程中使用FLIR A320红外热像仪对工件的侧壁进行拍摄，为了更准确地反映切削区域的温度变化，孔壁应尽量靠近工件侧壁，但为了保证孔壁材料的完整性，孔壁与工件侧壁间的最小距离取1mm。在这样的加工位置下，由于孔壁周围材料厚度分布不均匀会导致加工过程中温度场分布与实际生产中的温度场分布存在偏差，但该方法不会对加工中孔壁处材料的温度变化趋势产生影响，并且在相同测量条件下获得的实验数据具有可比性。

图5-4(b) 为测量加工温度的实验设备安装布局。图5-4(c) 为红外热像仪所记录的侧壁红外图像，图中沿厚5mm的工件厚度方向设置5个测量点，距离工件上表面1.25mm的标记点Sp1，在工件厚度方向的中点位置设置标记点Sp2，距工件下表面1.25mm的标记点Sp3以及位于上下表面的标记点Sp0和Sp4。图5-5为CFRP螺旋铣削中工件侧壁5个标记点的温度变化过程。

图5-5中由圆形标记的曲线记录了CFRP螺旋铣削中距离工件顶层1.25mm处孔壁测量点Sp1的温度变化过程；由正三角形标记的曲线描画了工件中部测量点Sp2的温度变化过程；由倒置三角形标记的曲线记录了距工件底层1.25mm处测量点Sp3的温度变化过程；由方形及菱形标记的曲线分别记录了工件上下表面处测量点Sp0和Sp4的温度变化过程。由于螺旋铣削中刀具沿螺旋轨迹运动，切削区域会多次经过测量点附近。加工过程中测量点Sp0的温度最先发生了变化，刀具对Sp0点附近材料进行加工时引起了Sp0点温度的第一次波动，材料温度升高的同时，热量向周围材料扩散引起Sp1点的温度发生变化，造成

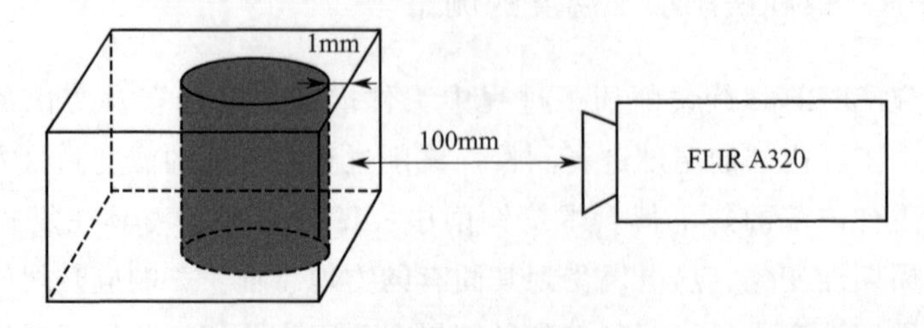

(a) 设备摆放示意图

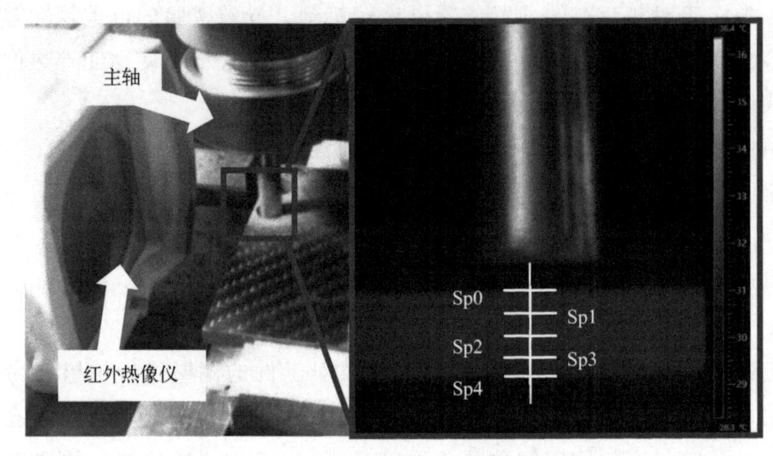

(b) 实验设备　　(c) 侧壁红外图像

图 5-4　红外热像仪测温示意图

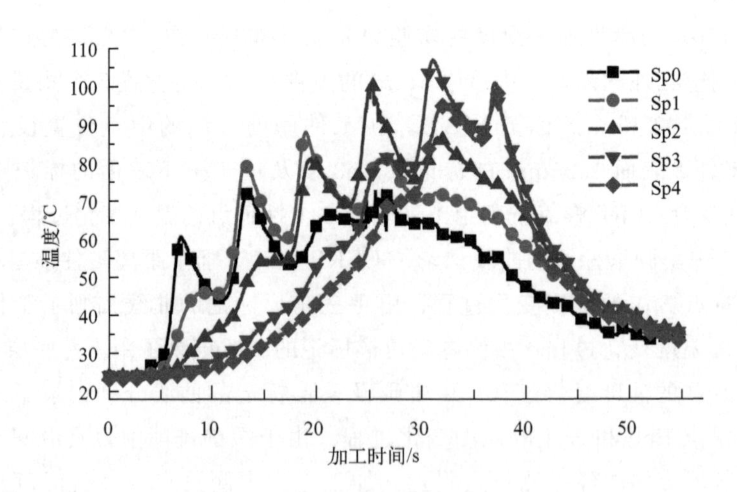

图 5-5　CFRP 螺旋铣削侧壁标记点温度

了由圆形标记的曲线上第一次温度升高。当刀具沿螺旋线运动了一个公转周期后，刀具对 Sp1 点附近材料进行切削，热量集中在 Sp1 点附近引起了测量点周围材料快速升温，造成了由圆形标记的曲线上第二次温度升高，同时由于热量的扩散引起了 Sp1 点附近的 Sp0 点及 Sp2 点的温度发生了波动。刀具沿螺旋线再运动一个公转周期后，刀具对 Sp1 点正下方的材料进行切削，热量向周围低温区域扩散，造成了 Sp0、Sp1 点的第三次升温，但由于加工区域与 Sp0 点的距离逐渐增加，Sp0 点温度波动的幅度逐渐减小，在后续的加工中由于切削区域与测量点的距离呈周期性变化并逐渐增大，导致了由方形标记的曲线上存在周期性的波动，但波动的幅度逐渐减小。可以发现除了切削过程导致的温度剧烈波动外，随着加工时间的增加，Sp0 点的温度也在逐渐升高，这是由于随着加工的进行，集中在切削区域附近的热量逐渐扩散至工件内部，导致了工件整体的温度上升。

Sp1 点、Sp2 点、Sp3 点、Sp4 点的温度变化过程与 Sp0 点相近。由于其他测量点的位置更靠近工件下部，各点的温度波动开始的时间相对 Sp0 点存在一定延迟。观察得知在 Sp1～Sp4 点的温度发生明显波动之前，工件内部累积的热量就已经导致了 Sp1～Sp4 点温度的升高。在热量累积引起的温度上升和切削作用引起温度快速波动的共同影响下，Sp1～Sp3 点的最高温度逐渐升高，而工件下表面受对流换热的影响 Sp4 点的最高温度低于 Sp3 点，可见 CFRP 螺旋铣削过程中的最高温度出现在工件下表面附近，而不是工件的最底层。

在螺旋铣削中刀具底刃突破工件最底层材料后，为了保证出口处的材料可以被完全去除，刀具往往要继续沿螺旋线轨迹运动若干个公转周期，立铣刀的侧刃长度一般会大于刀具螺旋线轨迹的螺距，刀具做行星运动的过程中，刀具的侧刃会和孔壁发生摩擦，因此在 5 条温度变化曲线的最后部分存在几个不同深度位置同时发生的小幅度温度波动。

5.2.2 CFRP 切削参数对切削温度的影响

通过对螺旋铣削过程中切削温度变化的研究可以发现，工件底部材料的温度随着加工过程的进行不断升高，在刀具对测量点 Sp3 附近的材料进行加工时出现了测量过程中的最高温度。CFRP 工件的强度与工件的厚度相关，当刀具沿轴向运动，加工到工件底部时剩余材料的厚度不断减小，刀具下方材料的强度不断降低，在加工温度的作用下，工件底部材料的基体组织强度开始下降，进一步导致了工件底部材料强度的不足。这也是 CFRP 孔加工中撕裂分层等加工损伤大多出现在孔出口处的原因。因此研究切削温度及降低切削温度对提高加工质量有着重要意义。

本书通过三因素三水平正交实验研究螺旋铣削中切削参数对加工温度的影响，各因素水平与本书 4.2.1 相同，使用与本书 5.2.1 部分相同的设备进行加工温度的测量。加工过程中靠近工件底部的材料温度最高，最容易发生损伤，因此对距离工件底部 1.5mm 处测量点的最高温度进行比较。实验参数及实验结果如表 5-2 所示。

表 5-2　实验参数及实验结果

序号	主轴转速/(r/min)	切向进给量/(mm/t)	轴向进给量/(mm/t)	侧壁最高温度/℃
1	1	1	1	95.9
2	1	2	2	84.6
3	1	3	3	68.9
4	2	1	2	114.1
5	2	2	3	88.2
6	2	3	1	72.2
7	3	1	3	100
8	3	2	1	79.2
9	3	3	2	64.6

对侧壁最高温度实验结果进行分析，结果如表 5-3、表 5-4 所示。

表 5-3　侧壁最高温度主体间效应检验

因变量：侧壁最高温度

源	Ⅲ类平方和	自由度	均方	F	显著性(Sig.)
修正模型	2042.280①	6	340.380	22.117	0.044
截距	65484.810	1	65484.810	4255.023	0.000
自转速度	178.207	2	89.103	5.790	0.147
切向进给量	1820.687	2	910.343	59.152	0.017
轴向进给量	43.387	2	21.693	1.410	0.415
误差	30.780	2	15.390		
总计	67557.870	9			
修正后总计	2073.060	8			

① $R^2=0.985$ (调整后 $R^2=0.941$)。

表 5-4　侧壁最高温度回归分析结果

因变量：侧壁最高温度

模型	未标准化系数		标准化系数	t	显著性(Sig.)
	B	标准误差	Beta		
常量	117.228	11.846		9.896	0.000
自转速度	−0.001	0.003	−0.050	−0.332	0.754

续表

模型	未标准化系数		标准化系数	t	显著性(Sig.)
	B	标准误差	Beta		
切向进给量	−278.211	45.037	−0.935	−6.177	0.002
轴向进给量	326.667	562.967	0.088	0.580	0.587

通过主体间效应检验，可以发现模型检验的 F 值为 22.117，Sig. <0.05，因此所用的模型具有统计学意义。三个因素中只有切向进给量的 Sig. <0.05，说明切向每齿进给量对加工过程中侧壁的最高温度产生显著影响，其他因素对侧壁的最高温度影响不明显。通过对回归分析结果中的标准化系数的观察可以发现，加工过程中切向进给量是侧壁最高温度的最主要影响因素，并呈负相关性，即提高切向进给量可以减小螺旋铣削中侧壁的最高温度。因此 CFRP 螺旋铣削时在刀具尺寸和偏心距固定的情况下，采用较高的切向每齿进给量可以降低加工过程中孔壁的温度，减少因加工温度超过基体材料玻璃化温度导致强度下降而引起的加工损伤。

5.2.3 铣钻比对 CFRP 螺旋铣削温度的影响

通过第 4 章的研究发现，螺旋铣削中刀具尺寸和铣钻比的选择对加工质量和刀具寿命有着重要影响。而在 5.1 部分的研究中发现加工温度也是加工质量的重要影响因素，因此本书对铣钻比与加工温度间的影响关系进行研究，实验中使用与本书 4.2.3 部分中相同的实验参数，实验中使用 10mm 厚的 CFRP 试件，选用 5mm、6mm、7mm、8mm 共 4 只刀具，偏心距以 0.5mm 为起始，每 0.5mm 为一档直至刀具半径为止进行螺旋铣削加工，主轴转速 2000r/min，螺距 1mm。采用红外热像仪对工件的侧壁进行观测，以距离工件底部 1.5mm 处的标记点的最高温度为结果，对各组实验结果进行对比，铣钻比对切削温度的影响如图 5-6 所示。

由图 5-6 可见，直径为 5mm 的刀具所对应的曲线上有 5 个数据点，随着刀具半径的增加，曲线上数据点依次增加，因此直径为 8mm 的刀具所对应的曲线数据点更多也更为平滑。图中切削温度受铣钻比的影响，其变化曲线呈“勺子”形状，较低和较高的铣钻比会产生较高的切削温度，在铣钻比为 1 附近的区域可以获得较低的加工温度。在螺旋铣削过程中刀具以偏心加工的形式产生了大于刀具直径的加工区域，通过分析可以发现在相同的偏心距下，工件侧壁温度受刀具直径的影响，直径较大的刀具所产生的切削温度更高。

在本实验中使用相同的刀具转速、螺旋线螺距，通过改变偏心距获得了不同

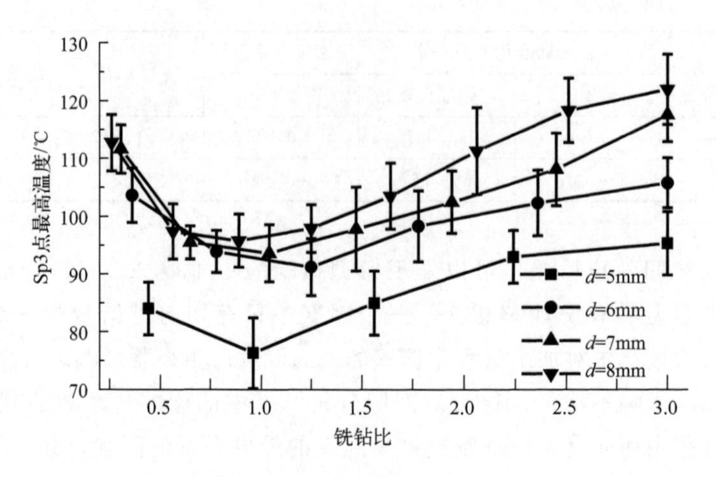

图 5-6 铣钻比对切削温度的影响

的铣钻比，当铣钻比较小时，刀具切向进给速度较小，由于偏心距较小致使容屑空间有限，切屑无法快速脱离加工区域，高温切屑和刀具与已加工表面发生摩擦使工件的侧壁温度升高。当铣钻比逐渐增大，刀具切向进给速度增加，同时容屑空间增加导致加工温度下降；当铣钻比继续增加，加工中钻削去除材料的体积保持不变，铣削去除材料的体积逐渐增大，刀具侧刃的温度逐渐升高致使工件加工温度随着铣钻比的增大而升高。因此从降低加工温度的角度考虑 CFRP 螺旋铣削中的铣钻比应控制在 0.6～1.5 之间。

5.3 加工过程温度场预测模型研究

5.3.1 CFRP 螺旋铣削切削热源建模

在使用传统立铣刀进行螺旋制孔加工时，刀具的侧刃执行侧铣加工，位于其上的切削刃微元所消耗的能量可由其产生的切削力与对应的切削速度计算获得。底刃执行钻削加工，底刃上的切削微元所消耗的能量可由式(5-1) 所示[154]。

$$q_i = F_i V_z + M_i \omega_t \tag{5-1}$$

式中 q_i——底刃上切削微元 i 消耗的能量，J；

F_i——底刃上切削微元 i 产生的切削力，N；

M_i——底刃上切削微元 i 产生的转矩，N·m；

ω_t——底刃上切削微元转动角速度，rad·s。

切削过程中切削热量主要产生于三个区域，如图 5-7 所示[155]。

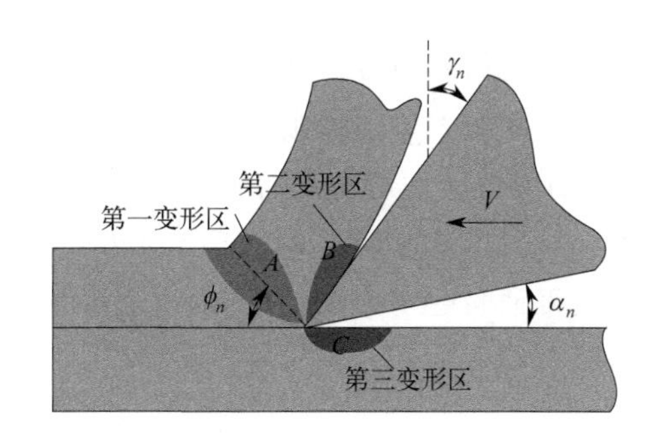

图 5-7 切削热量产生区域

γ_n—刀具前角；α_n—刀具后角；V—切削速度；ϕ_n—剪切角

① 第一变形区（A）内切屑沿着滑移面发生剪切变形产生大量的热，造成剪切变形区内材料快速升温。

② 第二变形区（B）内变形的切屑与刀具前刀面摩擦产生热量，由于加工CFRP材料时切屑多为粉末状的碎屑，同时刀具材料的热导率要远大于碳纤维材料的热导率，因此该区域内产生的热量较少且部分热量随着切屑被带离加工区域，只有部分热量被刀具所吸收。

③ 第三变形区（C）内已加工表面与刀具后刀面发生摩擦产生热量，碳纤维材料是一种加工回弹较为严重的材料，因此在第三变形区内会产生大量的摩擦热，一部分被刀具带走，另一部分造成了区域C的温度上升并向工件内部扩散。

本书主要考虑加工过程工件内部孔壁处的温度变化，所以忽略第二变形区对切削温度的影响，主要考虑第一变形区以及第三变形区产生的切削热。因此切削微元切削过程中单位时间内产生的热量 Q_{ew} 可表示为：

$$Q_{ew}=Q_{fs}+Q_{tf} \tag{5-2}$$

式中 Q_{fs}——切削微元在第一变形区剪切面内单位时间内产生的热量，J；

Q_{tf}——第三变形区单位时间内由摩擦产生的热量，J。

第4章中以瞬时刚性力模型为基础建立了螺旋铣削切削力模型，由式(4-23)可知，切削微元的各向切削力均由剪切力和犁切力构成，剪切力与犁切力分别对应第一变形区及第三变形区内产生的切削力，而CFRP切削过程造成切削区域温度上升的主要原因就是第一变形区和第三变形区的切削热。其中第一变形区内产生的能量 Q_{fs} 为：

$$Q_{fs}(\varphi)=F_s(\varphi)v_s \tag{5-3}$$

$$v_s=\frac{V\cos\gamma_n}{\cos(\phi_n-\gamma_n)} \tag{5-4}$$

式中　v_s——剪切速度，m/s；

F_s——切削刃微元产生的剪切力，对于刀具侧刃及扩孔切削刃 F_s 为切削刃微元去除切屑所产生的切削力沿剪切方向的分量[49]，对于刀具底刃 F_s 为切削刃微元切向及轴向剪切力[154]，N；

V——切削刃微元切向运动速度，对于刀具侧刃及扩孔切削刃 $V=\omega_t R_z$，对于刀具底刃轴向剪切力 $V=V_z$，对于刀具底刃切向剪切力 $V=\omega_t R_{tr}$，R_{tr} 为微元所在位置半径，m/s；

γ_n——刀具前角，(°)；

ϕ_n——剪切角，(°)。

剪切面内产生的热量分为两部分，一部分传递至切屑一侧随着切屑断裂排出被带走；另一部分传递至工件一侧造成工件表面升温并向工件内部传递热量。传递至工件一侧的能量 Q_{fsw} 可由式(5-5) 计算获得。

$$Q_{fsw}=C_1 Q_{fs} \tag{5-5}$$

式中　C_1——剪切热传递到工件一侧的比例。

根据 Shaw 对切削过程的研究[156]，剪切面上产生的热量传递至工件一侧的比例为：

$$C_1=1-\frac{1}{1+1.328\sqrt{\dfrac{K_w\varepsilon}{v_s h_j'(\varphi)}}} \tag{5-6}$$

$$\varepsilon=\cot\phi_n+\tan(\phi_n-\gamma_n)$$

式中　K_w——材料的热扩散率，m^2/s；

ε——剪切层的应变。

在第三变形区内刀具后刀面与已加工表面发生摩擦，该区域内产生的热量与第一变形区内产生的热量相似，被分为两部分，一部分热量沿刀具的后刀面向刀具内部扩散造成刀具温度升高，另一部分向工件内部扩散。由于 CFRP 是一种储热能力较低的材料，其比热容[990J/(kg·K)]与硬质合金[950J/(kg·K)]相近，但 CFRP 具有较低热导率和较低密度，与常用的刀具材料都有着近一个数量级的差距，这导致工件所吸收热量不能快速向内部传递，聚集在摩擦区域附近并致使该区域内材料快速升温。第三变形区内产生的热量 Q_{tf} 可由犁切力和切削速度计算获得：

$$Q_{tf}(\varphi)=F_f(\varphi)V \tag{5-7}$$

式中　F_f——切削微元产生的犁切力，对于刀具侧刃及扩孔切削刃 F_f 为切削微元切向犁切力[49]，对于刀具底刃 F_f 为切削微元切向及轴向的犁切力，N。

其中传递至工件部分的热量 Q_{tfw} 可表示为：

$$Q_{tfw}=C_2Q_{tf} \tag{5-8}$$

式中　C_2——第三变形区内切削热传递到工件的比例。

具体计算第三变形区切削热传递到工件部分的热量已由式(5-8) 给出，式(5-9) 为式(5-8) 中系数 C_2 的计算方法。

$$C_2=1-\left(1+\frac{\pi K_w}{2h_j'(\varphi)V\ln\frac{2ds}{l_{wf}}}\right)^{-1} \tag{5-9}$$

式中　s——切削宽度，mm；

l_{wf}——犁切长度，mm。

由此切削过程中刀具上某一切削微元所产生的切削热中，造成工件温度升高的切削热 q_{ew} 可表示为：

$$q_{ew}=g(\varphi_j)\left[C_1F_s(\varphi)v_s+C_2F_f(\varphi)V\right] \tag{5-10}$$

则加工过程中完整刀具转动一周所产生的切削热 q_{re} 可表示为

$$q_{re}=\sum_{j=1}^{N}\int_0^{a_p}\int_0^{2\pi}\left\{g(\varphi_j)\left[C_1F_s(\varphi)v_s+C_2F_f(\varphi)V\right]\right\}\mathrm{d}\varphi\mathrm{d}z \tag{5-11}$$

5.3.2　CFRP 螺旋铣削加工温度场模型

螺旋铣削中刀具在三维空间内沿螺旋轨迹移动，对与其接触的材料进行周期性的加热，孔壁处材料在不接触热源的时间内通过向工件内部传递热量以及和空气进行对流换热进行降温，在两个加热周期中间的降温过程是抑制 CFRP 螺旋铣削加工孔壁处材料切削温度过高的重要手段，因此对 CFRP 螺旋铣削加工进行温度场建模时，忽略空气对流换热的影响将对模型的准确性造成一定影响。

碳纤维在各方向上的导热能力不同，导致了碳纤维复合材料内部的传热过程较为复杂。CFRP 螺旋铣削的加工过程较短且热量的逐渐累积致使工件内部无法达到热平衡状态，这也导致了对工件内部温度场进行预测具有较大难度。因此大多数用于铣削、磨削或钻削的温度场预测模型都无法适用于 CFRP 螺旋铣削的温度场预测。

为了获取 CFRP 螺旋铣削工件的温度场，本书需要建立一个考虑对流换热过程的三维非稳态传热模型，考虑到使用数学方法求解该方程将十分困难，而使用有限元方法将消耗大量时间，为了得到加工过程中工件内部温度的变化以及分布情况，本书选用有限差分法对该热传导方程进行求解[56,157]。在直角坐标系下求解过程只能利用直线以及拐点对孔壁的形状进行逼近，但节点、内角点、外角点处对流换热的计算方法不同，容易产生较大误差造成计算不准确。

CFRP的储热能力较差，热导率较低，造成了加工过程中切削热主要集中在加工区域附近较小范围内，越靠近加工区域的材料温度越高，影响材料温度的最主要因素是被测点与发热位置的距离大小。CFRP钻削过程中，热量集中在孔壁附近的环形材料中造成温度快速升高，形成巨大的温度差，热量逐步向温度较低的方向扩散。在单向碳纤维层叠材料中，平行于纤维方向的热传导速度大于垂直于纤维方向的热传导速度，因而形成了与所加工孔同心，以纤维方向为长轴以垂直于纤维方向为短轴的椭圆形等温线[158]，多向碳纤维层叠材料中，在工件平面内可近似认为在各方向的热传导速度相等，因而形成了与所加工孔相同圆心的圆形等温线[12]。因此在柱坐标系下建立温度场模型使其计算过程更符合多向碳纤维材料内部热量以同心圆的形式逐步向外扩散的物理过程，并且利于提高计算的准确性。

CFRP在各方向具有不同的导热能力，因此用于预测CFRP螺旋铣削温度场分布的柱坐标热传导方程为

$$\lambda_1 \frac{\partial^2 T}{\partial r^2}+\lambda_1 \frac{1}{r_w}\frac{\partial T}{\partial r}+\lambda_2 \frac{1}{{r_w}^2}\frac{\partial^2 T}{\partial \theta^2}+\lambda_3 \frac{\partial^2 T}{\partial z^2}+q(r_w,\theta_w,z_w,t)=\rho c \frac{\partial T}{\partial t} \tag{5-12}$$

初始条件为

$$T=T_0 \tag{5-13}$$

边界条件为

$$-\lambda_1 \frac{\partial T}{\partial n}=h_t(T-T_0) \tag{5-14}$$

式中 $q(r_w,\theta_w,z_w)$——热源产生的热通量，$J/(s \cdot m^2)$；

ρ——材料密度，kg/m^3；

c——比热容，$J/(kg \cdot K)$；

t——经历时间，s；

$\lambda_1,\lambda_2,\lambda_3$——CFRP在$r$，$\theta$，$z$方向的热导率，本书以碳纤维多向层合板为对象，为了简化计算过程假设CFRP在水平方向内的热导率相同，即$\lambda_1=\lambda_2$，$W/(m \cdot K)$；

T——工件温度，K；

T_0——环境温度，K；

h_t——对流换热系数[159]，$W/(m^2 \cdot ℃)$。

通过式(5-15)、式(5-16)，将微分形式替换为有限差分的形式：

$$\frac{\partial T}{\partial t}=\frac{T(i,j,k,t+1)-T(i,j,k,t)}{\Delta t} \tag{5-15}$$

$$\frac{1}{r_w}\frac{\partial T}{\partial r}=\frac{1}{2r_w\Delta r}\left[T(i+1,j,k)-T(i-1,j,k)\right]$$

$$\frac{\partial^2 T}{\partial r^2}=\frac{1}{\Delta r^2}\left[T(i+1,j,k)+T(i-1,j,k)-2T(i,j,k)\right]$$

$$\frac{1}{{r_w}^2}\frac{\partial^2 T}{\partial \theta^2}=\frac{1}{{r_w}^2\Delta\theta^2}\left[T(i,j+1,k)+T(i,j-1,k)-2T(i,j,k)\right] \tag{5-16}$$

$$\frac{\partial^2 T}{\partial z^2}=\frac{1}{\Delta z^2}\left[T(i,j,k-1)+T(i,j,k+1)-2T(i,j,k)\right]$$

有限差分形式中工件内部节点位置如图 5-8 所示。

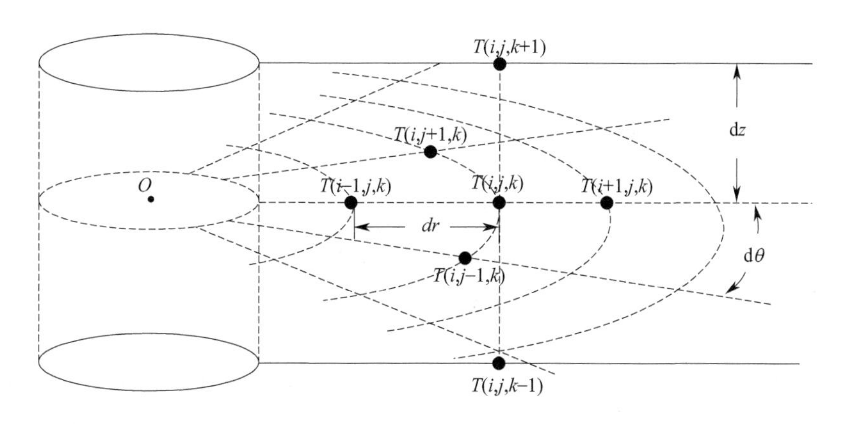

图 5-8 工件内部节点位置

因此，通过使用上述方法，将柱坐标下的偏微分热传导方程(5-12) 改写成有限差分方程：

$$T(i,j,k,t+1)=$$

$$T(i,j,k,t)+\Delta t\left\{\begin{aligned}&\frac{\lambda_1}{\rho c}\left\{\begin{aligned}&\frac{1}{2r_w\Delta r}\left[T(i+1,j,k,t)-T(i-1,j,k,t)\right]\\&+\frac{1}{\Delta r^2}\left[T(i+1,j,k,t)+T(i-1,j,k,t)-2T(i,j,k,t)\right]\end{aligned}\right\}\\&+\frac{\lambda_2}{\rho c}\left\{\frac{1}{{r_w}^2\Delta\theta^2}\left[T(i,j+1,k,t)+T(i,j-1,k,t)-2T(i,j,k,t)\right]\right\}\\&+\frac{\lambda_3}{\rho c}\left\{\frac{1}{\Delta z^2}\left[T(i,j,k+1,t)+T(i,j,k-1,t)-2T(i,j,k,t)\right]\right\}\\&+\frac{q(r_w,\theta_w,z_w,t)}{\rho c}\end{aligned}\right\} \tag{5-17}$$

5.3.3 移动热源模型

从第 4 章中对切削微元产生的切削力分析中可以发现，切削微元产生的切削力是一个关于切削力系数与切屑厚度的函数。切削力系数受刀具材料、几何形状、工件材料等因素的影响，因此在切削参数确定的情况下切削微元产生的切削力仅受到未变形切屑的厚度影响，即切削力与微元转动角度相关，而加工过程中刀具参与切削的切削微元数量和刀具的转动导致了刀具产生的切削力大小以及方向的变化。

由式(5-3)、式(5-7) 可知，切削微元在切削过程中所消耗的能量可以通过切削力和切削速度计算获得。稳定切削时，切削微元产生的热通量是一个和刀具转动角度相关的周期函数，即相对于刀具坐标系热源具有恒定的形状以及热源上各点具有恒定的发热量。因此许多研究将铣削和磨削的热传导过程看作是一个形状和发热量固定的热源沿加工轨迹移动，与工件发生热交换的过程，例如研究磨削温度时使用的线型移动热原模型和弧线移动热原模型[51]。

以往的研究中热源通常被简化为一个沿直线轨迹移动的曲线或曲面。然而在螺旋铣削加工中刀具的发热情况更加复杂，除了刀具侧刃产生的热量直接作用于孔壁，还有少量刀具底刃产生的切削热经过热传导过程作用于孔壁，对孔壁处材料进行加热。在螺旋线轨迹的影响下孔壁处材料还会经过数次周期性的升温降温过程，这导致了工件内部的热传导过程更加复杂，使用传统的移动热源模型将难以求解而无法实现工件内部温度场的预测。

本书使用有限差分法对热传导微分方程进行求解，将工件网格化，以所加工孔的轴线为柱坐标系的 Z 轴，各节点代表工件内节点所在位置材料的温度。加工过程中刀具的转动速度以及每齿进给量均保持恒定，则热源在移动过程中热源表面热通量的分布情况不会发生改变。加工过程中工件内部热传导过程可以看作是一个形状复杂发热量稳定的曲面热源沿螺旋轨迹在工件内部移动，并与和其接触的节点发生热传递。

热源包括两部分：刀具底刃形成的圆形热源；刀具侧刃形成的与未变形切屑形状相同的复杂曲面热源。在热源移动过程中，热源与热源移动方向前方的节点发生热交换，其热传导系数为工件材料的热导率。热源移动过程中，热源后方的节点即热源移动时已经经过的节点转化为环境温度，与热源移动过程形成的边界发生对流换热。通过这一过程模拟刀具去除材料过程中切削区域热量向工件内部扩散，已加工表面通过空气对流换热进行降温的过程。

将螺旋铣削加工过程中移动热源的形状及热量分布情况放置于工件网格中，热源根据加工参数在网格中移动与工件节点发生热交换。

温度场计算流程如图 5-9 所示。

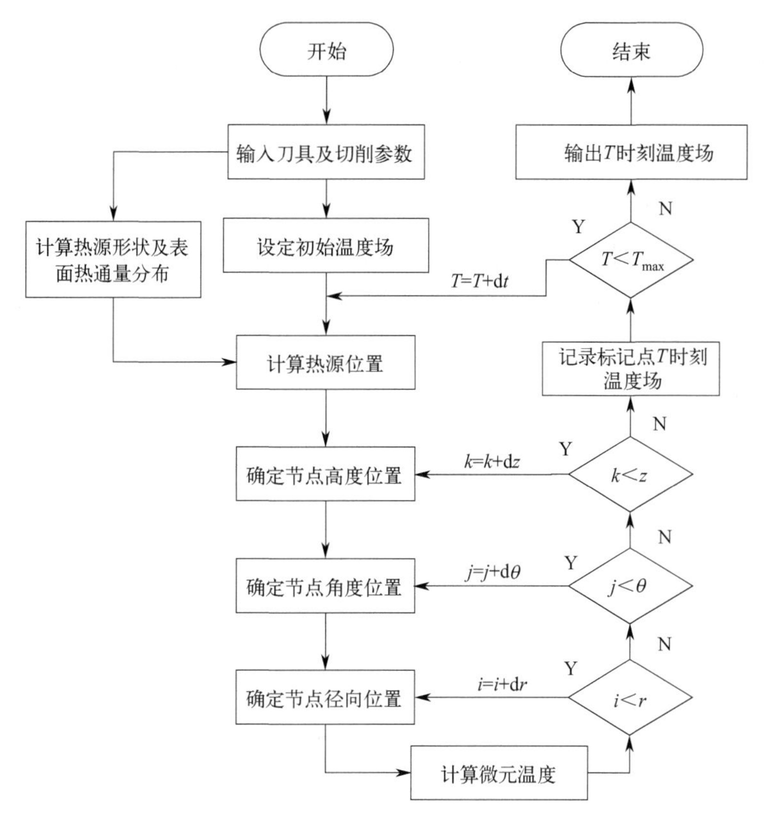

图 5-9　温度场计算流程图

5.3.4　模型验证

为验证对螺旋铣削温度场分布模型的准确性，本书进行了螺旋铣削切削温度实验，并将实验结果与模型预测结果进行对比。实验中使用 K20 硬质合金制作无涂层的四刃立铣刀及新型刀具，以及 5mm 厚多向层叠 CFRP 制备而成的工件，与材料相关的热性能参数如表 5-5 所示。使用与本书 5.2.1 中相同的实验装置，利用 FLIR A320 型红外热像仪和 4 倍镜头对螺旋铣削加工过程中的切削温度进行测量。

表 5-5　CFRP 相关热性能参数

特征	数值
r 向、θ 向热导率	$\lambda_1=\lambda_2=4.18$ W/(m·K)
Z 向热导率	$\lambda_3=0.76$ W/(m·K)

续表

特征	数值
比热容	$c_c=990\ J/(kg \cdot K)$
密度	$\rho=1520kg/m^3$
热对流系数	$h=75W/(m^2 \cdot K)$

本书建立的温度场模型是柱坐标下的热传导微分方程，使用柱坐标的主要原因是其计算过程更符合材料内部热量以同心圆的形式逐步向外扩散的物理过程。由于加工碳纤维复合材料时加工区域附近的温度梯度较大，工件的形状和尺寸一般不会对加工时的温度场产生影响，但当所加工孔的位置过于靠近工件边缘时，工件的形状就会导致孔壁处材料厚度不均匀而影响材料内部的温度场分布。

为了方便红外热像仪拍摄，并避免因材料厚度不均匀对温度场分布所造成的影响，备用试件外形被加工成图 5-10 的形状。

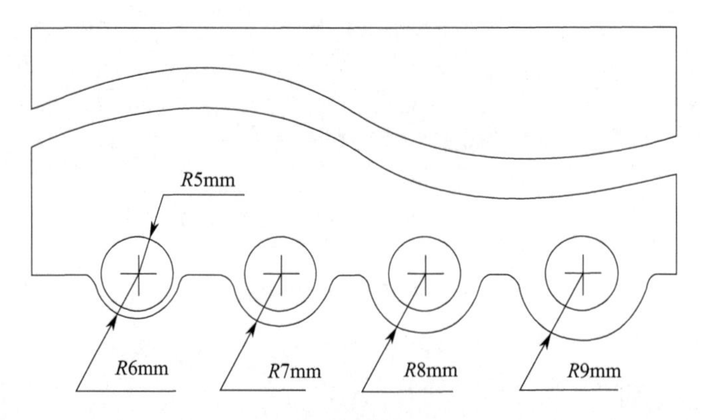

图 5-10　备用试件外形

工件的边缘分布着半径分别为 6mm、7mm、8mm、9mm 的半圆形结构。实验中以一个半圆形结构的圆心为中心加工半径为 5mm 的孔，并使用红外热像仪对圆弧形外壁进行拍摄，记录加工过程中的红外图像。在红外图像中对工件侧壁上加工深度为 Sp1＝1.25mm、Sp2＝2.5mm、Sp3＝3.75mm 的 3 个位置标记测量点，用以记录加工中不同深度位置的加工温度变化。改变加工位置和热像仪位置重复实验，记录加工不同尺寸半圆形结构时的工件表面温度，用以代表加工时孔壁材料厚度（1mm、2mm、3mm、4mm）对测量点温度的影响。使用 2 组切削参数进行实验，每组切削参数加工 4 个孔，并重复进行 3 次取平均值，实验参数如表 5-6 所示。

表 5-6　温度场预测模型有效性实验参数

序号	螺距/mm	偏心距/mm	切向进给量/(mm/t)	轴向进给量/(mm/t)	主轴转速/(r/min)
1	1	1	0.016	0.0025	1000
2	0.5	1	0.016	0.00125	1500

为了将刀具磨损对切削温度造成的影响减至最低，每加工 4 个孔更换一把全新刀具，为了避免切屑掉落对测量点产生遮挡影响实验结果，拍摄过程中使用常温压缩空气将切屑带离加工区域。

本书建立了柱坐标下的三维热传导模型，模型中考虑了空气的对流作用，通过改变模型半径的值就可以预测不同的孔壁厚度下材料温度变化。通过对比红外热像仪获取的实验结果与模型预测结果来判断模型的有效性。

实验中使用了 2 组切削参数，每组切削参数加工 4 个孔壁厚度不同的孔并重复 3 次实验，对结果取平均值。使用第 1 组切削参数，半圆结构半径为 6mm 的 CFRP 螺旋铣削切削温度及模型预测结果如图 5-11 所示。

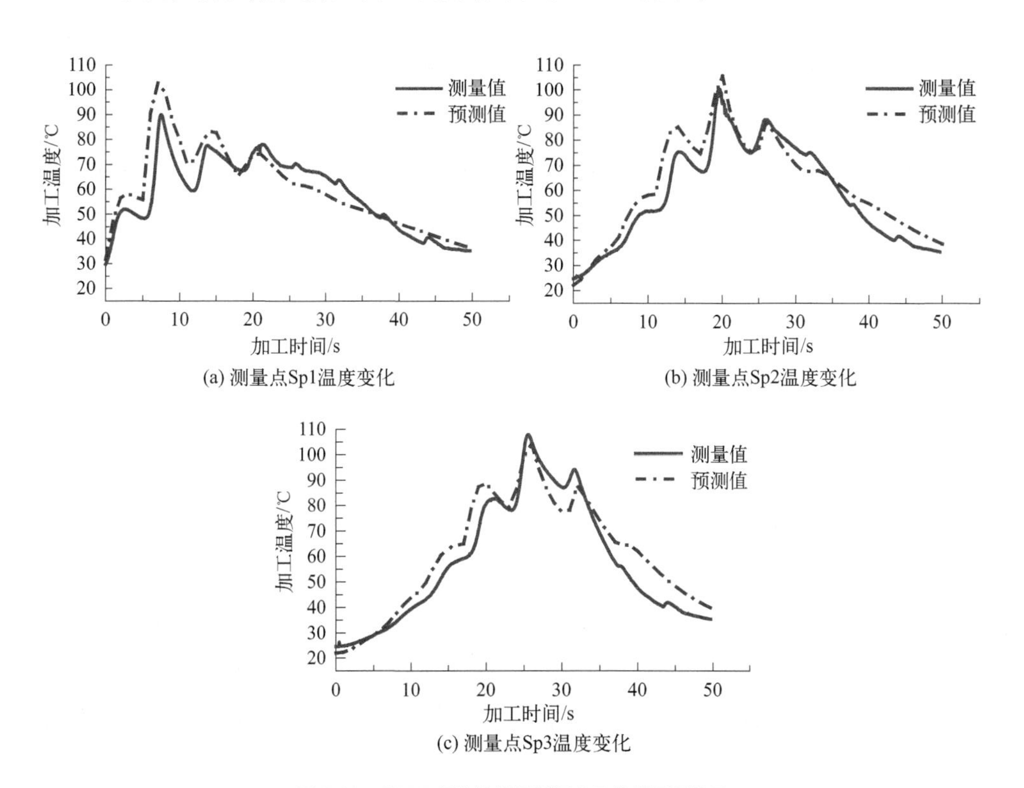

图 5-11　CFRP 螺旋铣削切削温度及模型预测结果

图 5-11(a)～(c)记录了螺旋铣削中不同深度位置孔壁厚度为 1mm 时工件外

壁温度变化实验测量结果和模型预测结果。由图 5-11 可知模型的预测结果与实验测量结果能较好吻合，预测模型可以对螺旋铣削过程工件侧壁上测量点温度波动的周期、温度变化幅度做出较为准确的预测，加工过程中热量累积所造成的工件温度升高也可以在预测结果中较好地体现出来，据此可以对不同深度位置测量点温度变化起始时间总体变化趋势做出准确预测。由于切削力模型中只对参与切削的切削刃微元进行了计算，因此模型的预测结果无法展示出加工完成后立铣刀侧刃与孔壁发生摩擦所导致的小幅度温度波动。观察图 5-11 可以发现在 Sp1 点最高温度预测结果要高于实际值；在 Sp2 点最高温度预测值与实际值相近；而在 Sp3 点最高温度预测值要小于实际值。3 个测量点最高温度实验结果是逐渐升高的，而模型对 3 个测量点最高温度的预测结果比较接近，这可能是由于模型中忽略了刀具温度变化所引起的。

孔加工时 CFRP 的强度与材料剩余厚度相关，较高加工温度会导致树脂基体强度下降，而由于热量累积，加工时的最高温度往往出现在孔出口附近，这也是 CFRP 制孔过程中加工损伤往往出现在出口处的原因。因此对 CFRP 制孔时出口处最高温度的预测具有重要实践意义。图 5-12 中记录了使用立铣刀在实验参数Ⅰ、Ⅱ下不同孔壁厚度 Sp3 点最高温度的实验结果与预测结果。

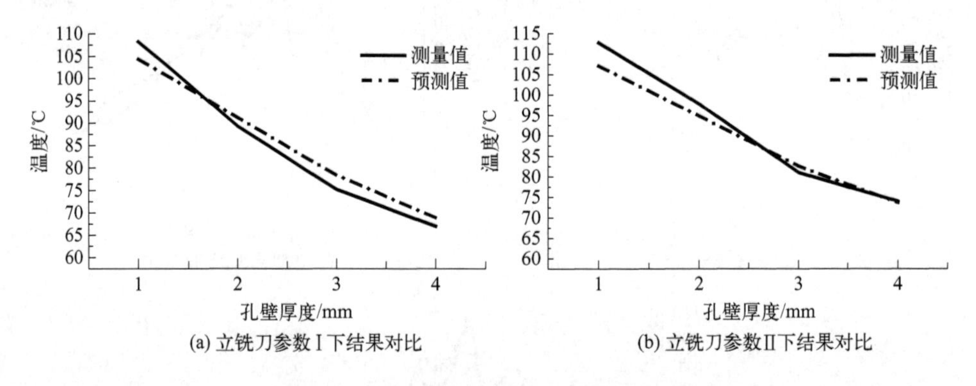

(a) 立铣刀参数Ⅰ下结果对比　(b) 立铣刀参数Ⅱ下结果对比

图 5-12　Sp3 点最高温度的实验结果与预测结果

由图 5-12 可见，测温点和孔壁的距离对测量点温度具有重要影响，在水平方向上和孔壁的直线距离越小，加工时测量点温度就越高，测量点距离孔壁越远其温度就越低，因此加工过程中靠近孔壁处的材料最容易发生基体熔化。由图 5-12 可知在不同切削参数不同孔壁厚度下，温度场预测模型对 Sp3 点最高温度都有着较好的预测效果，预测结果与实验结果误差均不超过 10%。

CFRP 螺旋制孔低损伤加工新型刀具设计研究

在切削加工中，加工质量受诸多因素的影响。大到加工方法和加工设备的选择，例如在对表面质量要求较高的情况下一般会选用磨削加工，在实际生产中粗加工和精加工是在不同设备上进行的；小到切削参数、刀具参数选取，例如精加工中往往选用切削速度较高、进给速度较小的切削参数，刀具往往使用前角及后角较大的锋利刀具。大量研究表明切削加工中除了切削参数、刀具材料、涂层等影响因素外，刀具的外形以及切削刃的刃形也会对加工质量、加工效率以及刀具寿命产生重要影响，例如球头铣刀和牛鼻铣刀就是为了提高铣削曲面质量而使用的刀具，群钻就是通过将普通钻头重新刃磨为“三尖七刃”结构而获得了加工效率和使用寿命的大幅度提高。螺旋铣削作为一种新兴孔加工方式，与其他加工方式相比其应用时间短、范围小，致使针对螺旋铣削而设计的专用刀具鲜有研究及报道。在本书第 4 章、第 5 章中研究了螺旋铣削中切削力、切削热与刀具尺寸加工参数之间的影响关系，本章中将基于螺旋铣削的加工特点、层叠材料的结构特性以及损伤产生的原理，设计针对 CFRP 螺旋铣削的专用刀具。

6.1 CFRP 低损伤螺旋制孔新型刀具

CFRP 是由环氧树脂和预浸布制成的层叠结构复合材料，每两层预浸布之间由环氧树脂黏结，材料整体强度与黏结的预浸布层数成正相关。受到 CFRP 结构特性的影响，加工过程中极易发生相邻两层预浸布之间脱胶开裂，导致结构强度快速下降，该种加工损伤不易察觉且大多无法修复。而孔加工一般为机械加工中最后的加工步骤，损伤一经产生构件往往整体做报废处理，进而导致加工成本增加、加工效率大幅度下降。因此 CFRP 孔加工中研究重点往往为抑制加工损伤的产生。

6.1.1 CFRP 螺旋铣削出口损伤形成过程分析

CFRP 孔加工中加工损伤大多集中在孔的出口处，因此对于孔出口的形成过程有针对性地提出改进优化方案，有利于提高出口的加工质量。本书对螺旋铣削低损伤出口的形成过程进行分析。

(1) CFRP 螺旋铣削出口形成过程分析

图 6-1 展示了 CFRP 螺旋铣削出口形成过程。

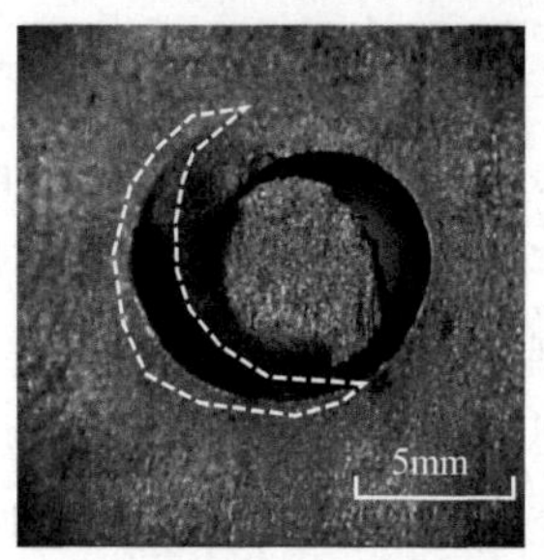

(a) 螺旋铣削最初形成出口图像

(b) 加工完成后出口图像

图 6-1 CFRP 螺旋铣削出口形成过程

由图 6-1(a) 可以发现，在刀具底刃突破底层材料前，由于底刃下方材料厚度减小强度的降低，在轴向力的作用下底刃下方材料发生了退让，逐渐凸出于工件的下表面，其过程与钻头横刃引起材料变形的过程相似。在底层材料与退让材料之间的牵拉作用，以及刀具轴向力的作用下，刀具底刃与侧刃连接处所形成的刀尖将发生退让的材料与工件所形成连接处的最薄弱区域切断，形成了图 6-1(a) 中“月牙”形缺口。在缺口形成后，底层材料对退让材料的牵拉作用被大幅度削弱，无法为退让材料提供足够的支撑，因此在后续加工中刀具底刃与退让材料只发生刮擦，无法进行切削作用。随着加工的进行，刀具侧刃将退让材料与工件连接处（白色虚线围城区域）逐渐去除，而无法由切削作用去除的退让材料形成切屑帽并脱落，最终形成了一个无分层、边缘平滑的出口，如图 6-1(b) 所示。

图 6-2 展示了螺旋铣削过程中立铣刀侧刃产生的负向切削力。

以工件与切削刃接触位置为原点，刀具的轴线方向为 Z 轴，建立直角坐标系。将切削刃产生的切削力分解为轴向力 F_z、切向力 F_t、径向力 F_a。轴向力平行于刀具的轴线，垂直于工件材料的铺层方向；切向力始终与刀尖的运动方向一致；径向力始终指向刀具的轴线。受到刀具螺旋槽角度的影响，右旋刀具侧刃产生的轴向力竖直向上，与刀具轴向运动方向相反。在一个典型的螺旋铣削中，以刀具轴向运动方向为正，由图 6-2(b) 可以观察到在出口加工阶段，刀具侧刃单独对出口处被推挤出工件下表面的材料（区域 D）进行切削时，切削力的轴向分量与刀具的轴向运动方向相反。刀具在对出口处材料加工时，刀具侧刃仅对图 6-1(a) 中的由白色虚线围成的区域——孔壁与切屑帽的连接处进行切削，该区域内材料面积有限且厚度较小，因此由侧刃切削产生的负向轴向力作用时间很短。螺旋铣削中刀具侧刃所产生的轴向力不会导致分层损伤的产生，因此在 CFRP 螺旋铣削中分层损伤由刀具底部切削刃产生的轴向力引起。

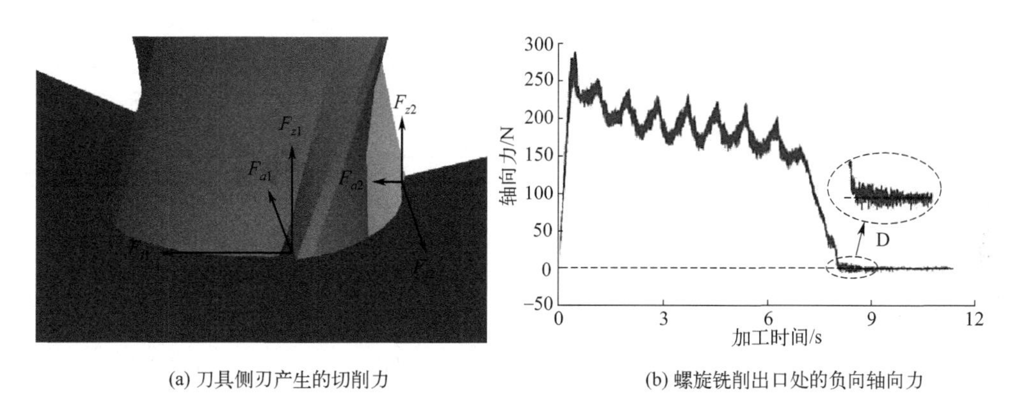

(a) 刀具侧刃产生的切削力　　(b) 螺旋铣削出口处的负向轴向力

图 6-2　螺旋铣削过程中的负向切削力

(2) CFRP 螺旋铣削出口分层损伤形成机制

CFRP 孔加工过程中，由轴向力所引发层叠材料层与层之间的分离趋势是导致撕裂、分层的主要原因，而由分析可知，螺旋铣削中由刀具侧刃对出口处材料加工过程中切削刃产生的轴向力与刀具的轴向运动方向相反，即在该过程中产生分层损伤的可能性较小，因此 CFRP 螺旋铣削中刀具底刃突破底层材料过程中产生了出口处的撕裂、分层损伤。在出口处材料强度降低以及刀具轴向力的共同作用下出口处材料发生退让被推挤至工件外部，工件下表面材料退让示意图如图 6-3 所示。

当加工过程中选取不当的切削参数造成过大的轴向力，或刀具磨损后刀尖不能及时形成“月牙”形缺口降低轴向力时，图 6-3 中由虚线标记的区域，即被推挤材料的边界会向外扩大，当发生退让的材料边界尺寸大于所需孔的尺寸时，被推挤出工件的材料在刀具侧刃去除剩余材料的过程中将无法被完全去除，则此时出口处将产生撕裂或分层损伤。因此降低 CFRP 螺旋铣削中的轴向力，减小被推挤出工件底层的材料面积或将损伤区域去除是提高出口质量的有效途径。

目前通过“钻-扩-绞”多道工序提高加工质量降低废品率仍是 CFRP 孔加工

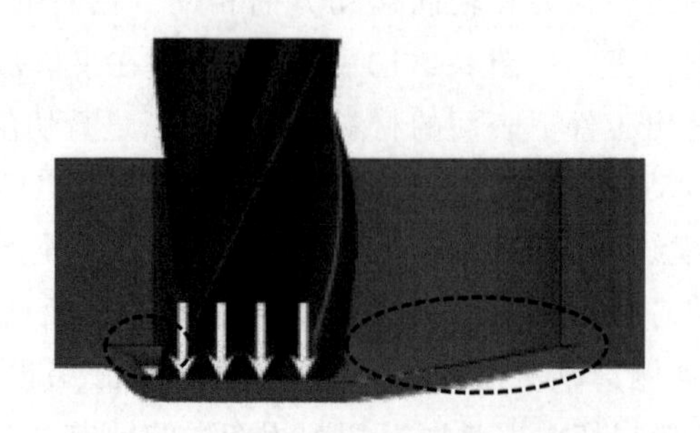

图 6-3 工件下表面材料退让示意图

常用的方法。该方法可在扩孔及铰孔的过程中有效地将钻削过程中的损伤去除，提高加工质量[23,29]，但加工效率极其低下。大量针对 CFRP 孔加工的研究中都将多次加工的思想融入工艺方法[160,161] 或刀具设计中[102,162]，并获得了良好的加工效果。阶梯钻[95,163,164] 是当前 CFRP 孔加工中使用较为广泛的一种刀具，具有加工设备简单、效率高、加工质量好、成本低等诸多优点。大量实验研究表明钻头横刃产生的轴向力占刀具产生轴向力的 40%～60%[69]，在相同刀具直径的条件下，阶梯钻具有比普通钻头更小尺寸的横刃，同时阶梯钻具有二次加工的特点[94,164]，利用阶梯形切削刃将钻孔与扩孔过程集合在一个工序内完成。

在阶梯钻加工 CFRP 的过程中，受到轴向力影响，钻头的第一阶切削刃和第二阶切削刃都可能造成分层损伤。使用阶梯钻时在两种情况下可以避免出口处分层损伤的产生：①第一阶和第二阶切削刃在加工出口时都没有产生分层损伤；②第一阶切削刃在加工出口时产生了一个尺寸小于第二阶切削刃直径的分层损伤，而在第二阶切削刃加工出口时分层损伤被去除，并且没有新的损伤产生。因此当第一阶切削刃产生的分层损伤尺寸大于刀具直径或者当第二阶切削刃加工出口时产生分层，加工损伤就会停留在阶梯钻所加工的出口处。图 6-4 展示了阶梯钻加工 CFRP 材料时出口的形成过程。

由图 6-4 可见，在第一阶切削刃和横刃的作用下初始出口处发生了分层损伤，但损伤的尺寸小于刀具直径。这一过程中所发生的分层损伤与普通钻头所引发的分层损伤具有相同的形成过程。当刀具沿轴向继续运动，第二阶切削刃将残留在孔壁上的材料去除，在不受到横刃影响的情况下，轴向力减小到不会引发损伤的程度，因此阶梯钻可以获得较好的加工质量。

6.1.2 CFRP 低损伤螺旋制孔原理

CFRP 孔加工中，过大的轴向力是引起加工损伤的直接原因，这早已成为业界的共识[17,89]，因此减小加工轴向力是 CFRP 孔加工刀具研究的首要目标。结

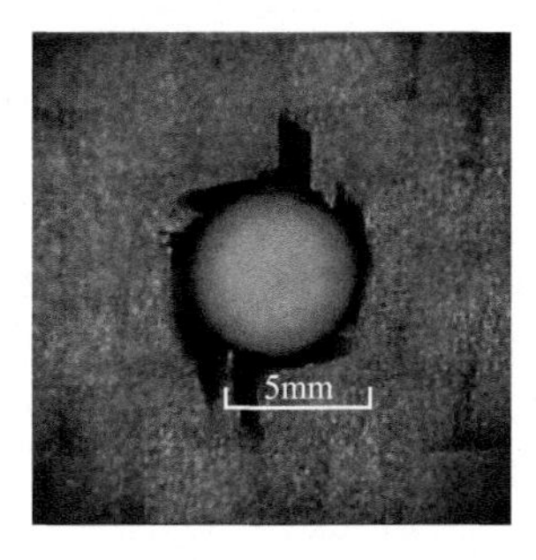

(a) 第一阶切削刃形成出口图像

(b) 第二阶切削刃形成出口图像

图 6-4 阶梯钻加工出口的形成过程

合 CFRP 螺旋铣削加工试验结果可以发现，螺旋铣削中刀具直径对加工轴向力有着重要的影响，而铣钻比的增加对螺旋铣削中刀具产生的轴向力没有明显的影响。借鉴“钻-扩-铰”多道工序加工方法、多步加工策略以及阶梯钻加工中损伤去除的特点，本书提出了使用小直径刀具螺旋铣孔减小工件内部及出口损伤面积，再改变偏心距，利用螺旋铣削扩孔去除加工损伤以提高孔加工质量的工艺改进方案。

改进工艺中，铣孔再扩孔的加工过程势必难以获得较高的加工效率，本书从改进刀具的角度出发寻求该问题的解决方案。在对螺旋铣削刀具磨损过程的观察中发现，大部分刀具侧刃没有参与加工中，即侧刃的有效部分仅为靠近底刃的一小部分切削刃。螺旋铣削中所加工孔的直径与刀具不存在对应关系，在改进工艺方案中的扩孔过程可以在不改变偏心距的情况下使用直径较大的刀具实现扩孔加工。因此将不同直径刀具的有效部分相叠加，即可以在一次加工中实现铣孔再多次扩孔的复合加工过程。综合以上分析，本书提出了通过小直径底刃减小加工轴向力，大直径侧刃减小侧刃磨损以保证孔径变化量，再由多级阶梯结构底刃副切削刃组成的扩孔切削刃，实现损伤去除功能的宝塔型 CFRP 低损伤螺旋制孔新型刀具。通过新型刀具的使用，使加工过程在不改变工艺参数的情况下，在一次进刀过程中实现了螺旋铣孔再多次螺旋扩孔的复合加工过程。

在使用立铣刀进行螺旋铣削时，孔的形成过程可分为 4 个阶段，由于新型刀具的形状特殊，其加工过程要比立铣刀的加工过程更加复杂，因此将其加工过程分为 6 个阶段。图 6-5(a)～(f)展示了新型刀具加工过程中刀具在 6 个关键高度时孔的加工状态。

① 刀具的底部切削刃接触工件上表面开始加工[图 6-5(a)]。

② 刀具在工件中沿螺旋线运动，底部切削刃加工出一个直径为 D_t+2e 的孔，扩孔切削刃在沿螺旋线运动时将底刃所加工的孔不断扩大[图 6-5(b)]。

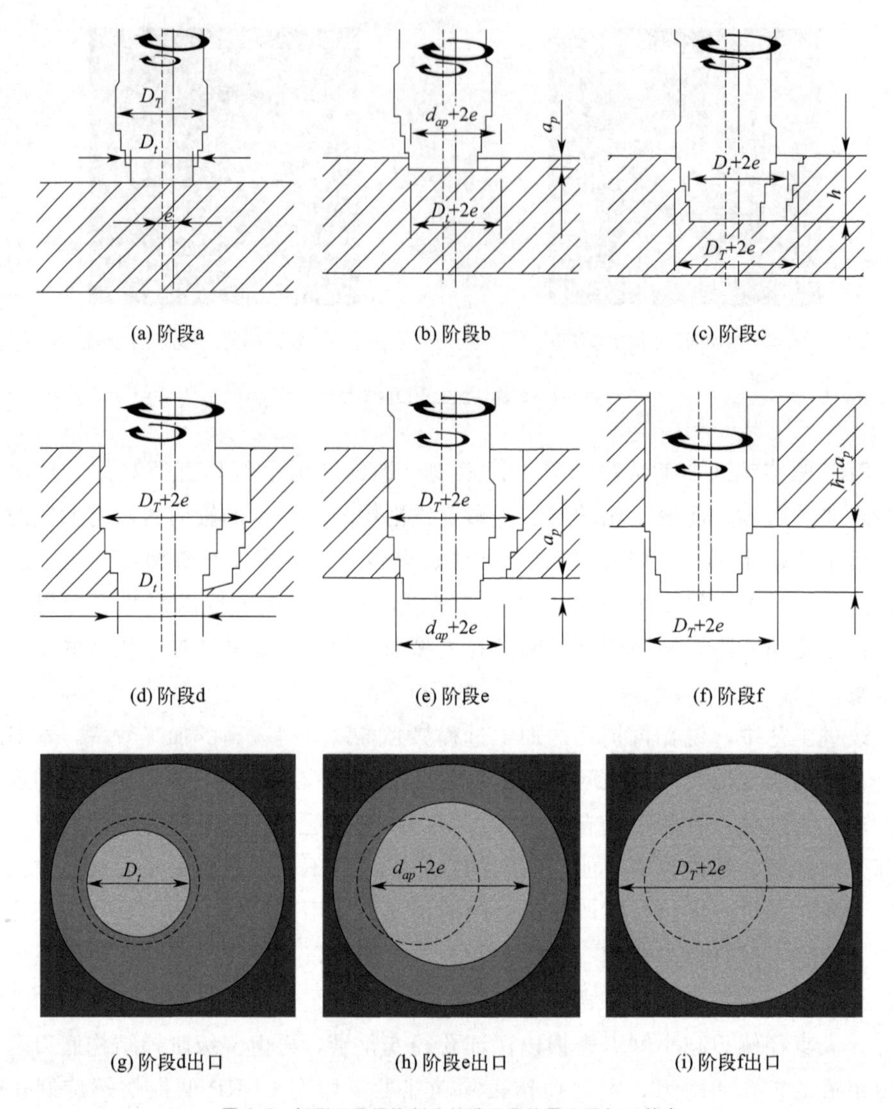

图 6-5 新型刀具螺旋制孔关键刀具位置及孔加工状态

③ 在刀具围绕孔的轴线旋转 N_r 次后工件内部形成一个底部直径为 D_t+2e，顶部直径为 D_T+2e，深度为 h 的阶梯形圆腔，此时扩孔切削刃完全浸没在工件内部，刀具继续沿螺旋线运动，刀具侧刃将残留在孔壁上的剩余材料去除，入口处直径扩大到所需尺寸[图 6-5(c)]。

④ 刀具在工件内部继续沿螺旋线轨迹运动，刀具各部分切削刃重复阶段 c 的操作，由刀具底刃铣削加工出一个孔再由扩孔切削刃将孔逐渐扩大至 D_T+2e，直至刀具底刃接触最底层材料并将直径略大于刀具底刃直径的材料推挤出工件下表面，分层撕裂等损伤通常发生在这个过程中，与一般的立铣刀相比新型刀

具的底部切削刃直径较小，加工中产生的轴向力也较小，这有效地降低了分层撕裂损伤发生的可能性[图 6-5(d)]，同时扩孔切削刃对侧壁剩余材料去除的过程中可将孔侧壁上小面积的分层损伤去除，提高孔的加工质量。

⑤ 刀具在下一个围绕孔轴线的公转运动中，底部切削刃与刀具扩孔切削刃连接处的刀尖将工件底层材料与上一阶段中推挤出工件下表面的材料的连接处切断，形成一个直径略小于底部切削刃的切屑帽，同时出口直径被扩大至 da_p+2e，da_p 为在高度为 a_p 处扩孔切削刃的直径[图 6-5(e)]。

⑥ 在接下来的 N_r 个公转周期内，扩孔切削刃将对孔壁上剩余材料进行去除，侧刃将对孔壁进行最后的修整，直至孔的直径达到所需尺寸 D_T+2e，当刀具底部切削刃穿过工件 $h+a_p$ 时，孔的出口处达到所需尺寸，这时低损伤螺旋制孔过程全部完成[图 6-5(f)]。

图 6-5(g)～(i)分别展示了加工阶段 d～f 时工件底部出口示意图。图中黑色实线的圆形表示最终孔出口的尺寸，白色区域表示刀具加工最底层材料所形成的出口，由黑色虚线围成的区域表示刀具底刃突破最底层材料时由轴向力所引起的加工损伤范围。可见在阶段 d 中出口处形成了一直径为 D_t 的出口，而出口产生的损伤面积略大于出口尺寸[图 6-5(g)]。

在接下来的一个公转周期中出口处的剩余材料被扩孔切削刃逐渐去除，出口直径扩大至 da_p+2e，而在阶段 d 中形成的加工损伤大部分也被去除了。随着加工的进行，出口尺寸也被逐渐扩大，剩余的加工损伤被逐渐去除[图 6-5(h)]。

在这个过程中刀具底部切削刃极少参加切削，材料大部分由扩孔切削刃去除，受到切削刃螺旋角的影响，刀具产生的轴向力保持在一个极低的水平以抑制撕裂分层损伤的发生和扩展，即使产生了加工损伤也会在后续的扩孔过程中被去除。在加工过程完成后出口处的加工损伤已经被扩孔切削刃完全去除，并形成了满足尺寸要求的出口[图 6-5(i)]。

6.1.3 刀具结构设计

与立铣刀的加工过程相似，新型刀具加工中刀具底刃副切削刃沿刀具轴向运动过程中不可避免地会产生作用于工件材料的轴向力，势必会存在引发分层损伤的可能性。图 6-6 为由底刃副切削刃引起的分层损伤示意图。

根据断裂力学中能量平衡原理及 Griffith 理论，裂纹扩展过程中存在着能量平衡关系

$$G=\frac{1}{B}\times\frac{\mathrm{d}(W-U)}{\mathrm{d}a} \tag{6-1}$$

式中　G——施加在单位面积裂纹上的能量，$\mathrm{J/m^2}$；

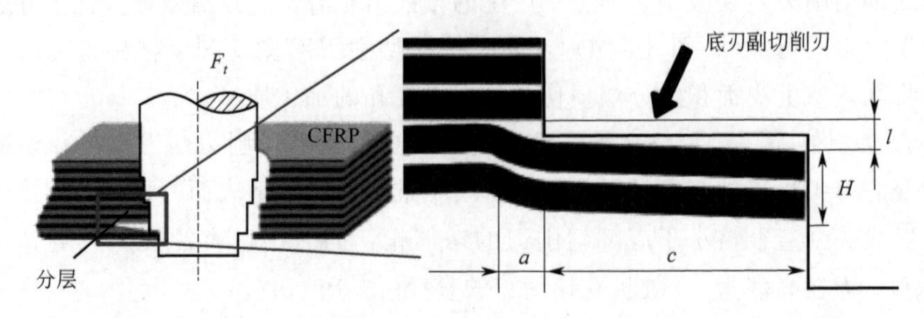

图 6-6　底刃副切削刃引起的分层损伤

B——裂纹宽度，m；

$\mathrm{d}a$——裂纹增加的长度，m；

$\mathrm{d}(W-U)$——系统因裂纹长度改变而引起的能量变化量，J。

以恰好生成单位面积裂纹所消耗的能量 G_{ic} 为临界能量释放率。当 $G>G_{ic}$ 时，系统未达到稳定状态，裂纹将继续扩展；当 $G<G_{ic}$ 时，断裂停止。因此在恰好将要产生裂纹的状态时

$$G_{ic}B\mathrm{d}a=\mathrm{d}W-\mathrm{d}U \tag{6-2}$$

式中　$\mathrm{d}W$——外界对系统做功的变化量，J；

$\mathrm{d}U$——系统本身总应变能的变化量，J。

此时可近似地将由副切削刃产生轴向力所引起的变形看作是作用在 a 处的集中载荷引起了宽度为 B，厚度为 H，长度为 $a+c$ 的矩形截面悬臂梁发生变形，c 为相邻两级副切削刃长度差值，则

$$l=\frac{2Pa^3+3Pa^2c}{6EI} \tag{6-3}$$

式中　l——梁的挠度，mm；

P——正压力，N；

a——裂纹长度，m；

E——杨氏模量，MPa；

I——梁的截面惯性矩，mm^4。

$$\mathrm{d}(W-U)=P\mathrm{d}l \tag{6-4}$$

$$G=\frac{2P^2(a^2+ac)}{EBH^3} \tag{6-5}$$

当 $G=G_{ic}$ 时

$$P_{ic}=\left[\frac{EB^2H^3G_{ic}}{2(a^2+ac)}\right]^{\frac{1}{2}} \tag{6-6}$$

式中　P_{ic}——底刃副切削刃引发分层损伤时的临界轴向力，N。

由式(6-6)可以发现，相邻两级副切削刃的径向长度差值直接影响分层损伤发生的难易程度，差值越小材料所能承受的临界轴向力数值越大。因此在确认新型刀具底刃直径及侧刃直径的前提下，增加副切削刃的级数，减小相邻两级副切削刃的径向长度差值，并且由刀具底刃副切削刃至侧刃处直径变化率应逐渐减小，该构型有利于减小分层损伤发生的可能性并提高出口质量。

主偏角对切削过程中切削层截面形状以及切削分力有着重要的影响，减小切削过程中刀具的主偏角可以提高刀尖强度，增加参与切削的切削刃宽度，减小切削中切屑的厚度，减轻单位长度切削刃所承受的载荷，有利于散热，提高刀具使用寿命。为减小每一级副切削刃所产生的轴向力，本研究对副切削刃的刃形进行了优化，通过减小副切削刃的主偏角以改变切削力的方向。

本研究利用 Abaqus/Explicit 有限元软件，研究了 CFRP 切削中刀具主偏角对切削力的影响。根据 CFRP 切削过程中材料失效的特点，需使用 VUMAT 子程序进行二次开发，其编译环境包括 ABAQUS 2016、Microsoft Visual Studio 2012、Intel Visual Fortran Compiler V12。在多向 CFRP 模型中将构成工件的单向预浸布视为等效均质材料，只考虑纤维铺覆方向对预浸布强度的影响，再通过对每一层单向预浸布指派不同方向模拟多向 CFRP 工件。工件材料参数详见表 6-1。

表 6-1　工件材料参数[165]

材料参数	值
弹性模量 $E1$/GPa	160
弹性模量 $E2$/GPa	8.97
弹性模量 $E3$/GPa	8.97
剪切模量 $G12$/GPa	6.12
泊松比 $\nu12$	0.28
沿纤维方向拉伸强度 XT/MPa	2843
沿纤维方向压缩强度 XC/MPa	1553
垂直于纤维方向拉伸强度 YT/MPa	166
垂直于纤维方向压缩强度 YC/MPa	600
剪切强度 S/MPa	200
密度 ρ/(g/cm^3)	1530

工件长 3mm，切削宽度在 Y 向投影宽度为 1mm，工件的形状随切削刃主偏角而改变。刀具模型前角后角均为 7°，刀尖圆角半径 0.04mm，切削速度为 833.33mm/s，切削深度为 0.1mm，以 90°、60°、30°、0°主偏角分别进行切削仿

真。CFRP 切削仿真结果如图 6-7 所示。

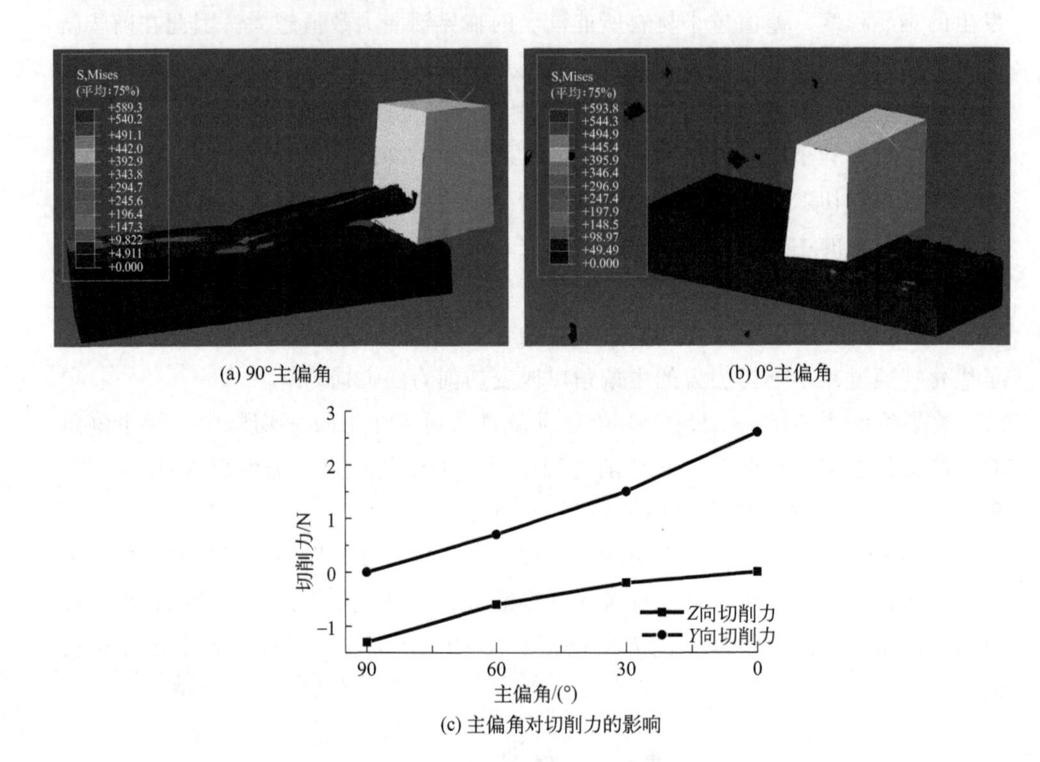

(a) 90°主偏角

(b) 0°主偏角

(c) 主偏角对切削力的影响

图 6-7　CFRP 切削仿真结果

图 6-7(a) 为刀具以 90°主偏角对 CFRP 材料进行切削，该过程是模拟螺旋铣削中刀具底刃以平行于预浸布平面的方向对材料进行切削，此时材料的破坏形式为弯折及压碎，切屑成片状。图 6-7(b) 为刀具以 0°主偏角对 CFRP 材料进行切削，该过程是模拟螺旋铣削中刀具侧刃垂直于预浸布平面对材料进行切削，此时材料的破坏形式以压碎为主，切屑成颗粒状，同时可以发现已加工表面的表面质量与预浸布铺覆方向相关，呈周期性变化。图 6-7(c) 为刀具以不同主偏角对工件进行切削时 Z 向力及 Y 向力，与之对应的是螺旋铣削中刀具底刃所产生的轴向力以及径向力，可以观察到随着主偏角的减小，同等切削宽度切削刃产生的轴向力减小径向力增加，由此可见，减小底刃副切削刃的主偏角对降低加工轴向力有着积极的作用。

在经过上述改进后，该刀具结构中仍存在大量内凹部分，这将影响刀具的切削效果，并导致磨损的加剧。同时随着副切削刃级数的增加，刀具的制造难度及加工成本都显著上升。为此对刀具的刃形进行了进一步的优化，通过平滑曲线依次将各级副切削刃相连接。在刀具轴向截面轮廓中应满足刀具侧刃曲线与扩孔切削刃曲线在连接点处一阶参数连续，即连接点处两个相邻的曲线有相同的一阶导数。通过对 CFRP 螺旋铣削出口加工过程的观察可以发现，刀具底刃的刀尖在工件与退让材料连接处的切断过程有着积极的作用，因此新型刀具中底刃与扩孔切削刃连接处所形成的刀尖应予以保留。扩孔切削刃轮廓应为满足上述条件的一系列样条曲线，为简化刀具制备及后续的计算，选取弧形为其轮廓曲线，刀具外形优化过程如图 6-8 所示。

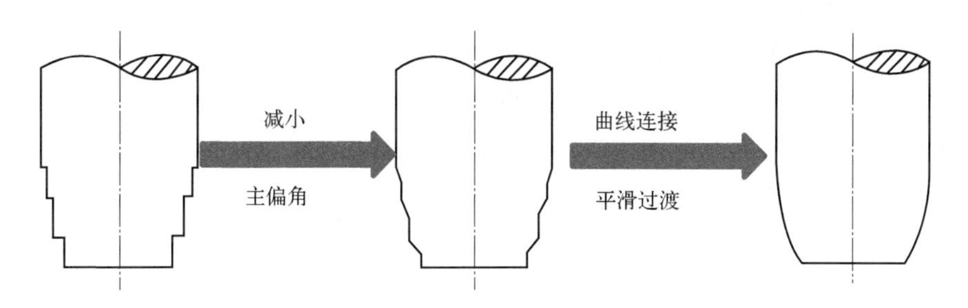

图 6-8 刀具外形优化过程

刀具外形经过优化后，连接刀具侧刃与底刃副切削刃的扩孔切削刃已成为一条连续的平滑曲线，在加工过程中不仅可以实现底刃钻削的功能，同时还兼顾侧刃铣削的作用。作为底刃的延伸，底刃副切削刃的螺旋角为 0°，而在使用螺旋角为 0°的刀具进行侧铣过程中，切削刃容易引起振动，并且不利于排屑。立铣刀中通过改变切削刃的刃倾角即刀具的螺旋角解决该问题。在螺旋铣削出口形成过程以及铣钻比对出口质量影响的分析中可知，CFRP 螺旋铣削中侧刃产生的负向轴向力对出口质量有着积极的作用。为探究扩孔切削刃的刃倾角是否会产生相似效果，本书利用 Abaqus/Explicit 有限元软件，研究了 30°刃倾角下不同主偏角对扩孔切削刃切削力的影响如图 6-9 所示。

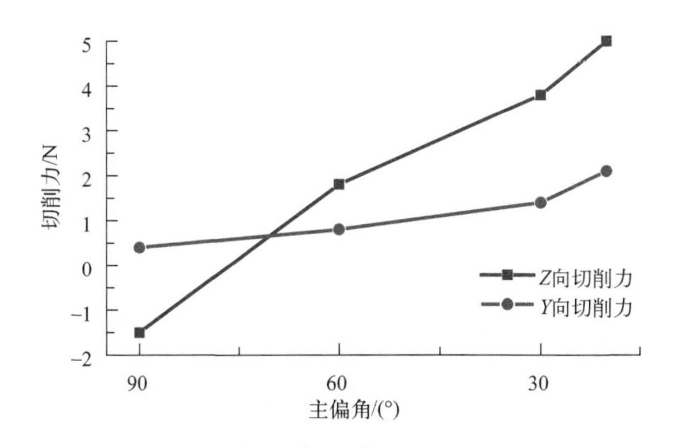

图 6-9 30° 刃倾角下不同主偏角对扩孔切削刃切削力的影响

由图 6-9 可见，受到刃倾角的影响切削刃在 90°主偏角下，参与切削的切削刃长度增加导致了 Z 向切削力数值大于刃倾角为 0°的情况。在主偏角和刃倾角的共同影响下 Z 向切削力的方向发生了改变，并且随着主偏角的减小 Z 向切削力的数值逐渐增大。在新型刀具的扩孔切削刃部分加入螺旋角有助于其产生与侧刃相似的负向轴向力，使出口加工过程中工件为出口处材料提供支撑，提高新型刀具的加工质量。

至此 CFRP 低损伤螺旋制孔新型刀具的外形已完全确定，包含执行铣孔的底部切削刃、中部的扩孔切削刃以及上部用来修整的刀具侧刃。刀具底部切削刃直径（D_t）小于刀具上部侧刃直径（D_T）。底部切削刃和上部刀具侧刃由扩孔切削刃相连接，扩孔切削刃底部与底部切削刃直径相同，顶部直径与刀具侧刃直径相同，中部呈变径结构。在螺旋铣削过程中刀具沿螺旋线运动，由底部切削刃加工的孔直径要小于所需孔直径，扩孔切削刃将孔尺寸扩大，最后由刀具侧刃进行修整至所需尺寸。实现这一过程的加工设备与一般螺旋铣削设备相同，无需增加设备成本投入，并且刀具结构易于加工，不会造成刀具成本的大幅度增加。根据刀具改进的最初构想及优化过程可以推断相比于传统立铣刀螺旋铣削过程，新型刀具的加工过程应具备如下优点。

(1) 较小的加工轴向力

CFRP 孔加工中轴向力是引起分层损伤的主要原因，降低加工轴向力是减少分层损伤发生最直接的方式。CFRP 低损伤螺旋制孔新型刀具通过使用小直径底部切削刃减小由底刃直接产生的轴向力，再通过主偏角、刃倾角改变底刃副切削刃所产生的切削力方向，进一步减小扩孔加工过程中的加工损伤发生的可能性。

(2) 延长刀具负向轴向力作用时间

负向轴向力是由螺旋铣削中刀具螺旋角的影响而产生与轴向进给方向相反的轴向力，对出口处材料产生提拉-剪切的效果，由于使用立铣刀进行螺旋铣削中其幅值小，作用时间短而没有展现出特殊的作用效果。使用新型刀具螺旋制孔中扩孔过程产生的轴向力与刀具轴向运动方向相反，提拉-剪切过程中由工件为出口处材料提供支撑，从原理上抑制了分层损伤的生成及扩展，有助于提高出口的加工质量。

(3) 多次加工以及加工损伤去除的功能

借鉴钻孔-扩孔-铰孔的加工方法以及阶梯钻的加工过程，螺旋铣削加工通过应用新型刀具实现了在一次进刀的过程中完成铣孔并多次扩孔的复合加工过程，令刀具轴向进给转变为刀具径向尺寸的变化，使其具备去除加工损伤的效果。

由以上分析可知，CFRP 低损伤螺旋制孔新型刀具所展现出的优点是源于刀具结构的改进，不受刀具各切削刃前角、后角角度的影响。

6.1.4 CFRP 低损伤螺旋制孔新型刀具几何模型

CFRP 低损伤螺旋制孔刀具为带有螺旋角的鼓锥形平头立铣刀，新型刀具如图 6-10 所示。

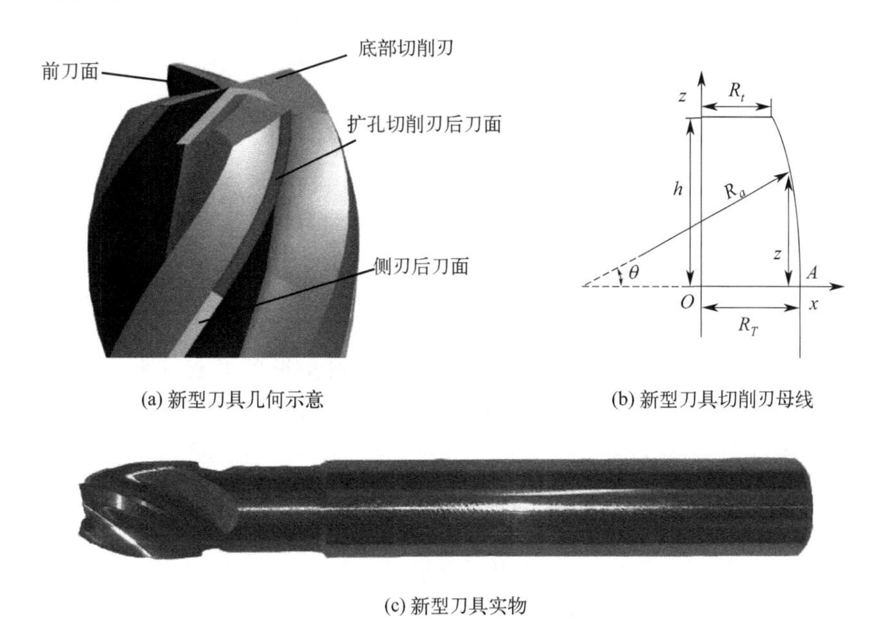

(a) 新型刀具几何示意　　(b) 新型刀具切削刃母线

(c) 新型刀具实物

图 6-10　新型刀具示意图

以坐标系 $\delta(X, Y, Z)$ 为刀具坐标系，z 为刀具轴线，图中 R_t 为刀具底刃半径，R_T 为刀具侧刃半径，h 为扩孔切削刃的高度，R_a 为扩孔切削刃母线圆弧半径，侧刃母线与扩孔切削刃母线在 A 点相切。

由刀具的几何关系可以得到高度 z 处的扩孔切削刃半径 R_z。

$$R_a = \{[R_a-(R_T-R_t)]^2+h^2\}^{\frac{1}{2}} = \frac{(R_T-R_t)^2+h^2}{2(R_T-R_t)} \tag{6-7}$$

$$\theta = \arcsin\frac{z}{R_a} \tag{6-8}$$

$$R_z = R_T - R_a(1-\cos\theta) \tag{6-9}$$

该刀具为回转体，其轮廓曲面可由切削刃母线围绕 Z 轴旋转获得。设 φ_b 为母线绕 Z 轴旋转的角度，且 $0 \leqslant \varphi_b \leqslant 2\pi$。则刀具的回转轮廓曲面如式(6-10)所示。

$$r_1=\{r\cos\varphi_b, r\sin\varphi_b, h\}(0\leqslant r\leqslant R_t)$$
$$r_2=\{[R_T-R_a(1-\cos\theta)]\cos\varphi_b, [R_T-R_a(1-\cos\theta)]\sin\varphi_b, z\}(0<z<h)$$
$$r_3=\{R_T\cos\varphi_b, R_T\sin\varphi_b, z\}(-l<z\leqslant 0)$$

(6-10)

式中　r_1，r_2，r_3——不同刀具高度形成的曲面半径，mm。

螺旋铣削中待加工表面为刀具在上一个加工循环中形成表面，由于新型刀具的扩孔切削刃为鼓锥形圆弧面，在加工中扩孔切削刃会对上一个加工循环形成的侧壁继续进行加工。刀具运动一个加工循环由刀具扩孔切削刃形成的加工表面如式(6-11) 所示。

$$r_s=\left\{[R_T-R_a(1-\cos\theta)+e]\cos\alpha_t, [R_T-R_a(1-\cos\theta)+e]\sin\alpha_t, \frac{-\alpha_t}{360}a_p\right\}$$

(6-11)

式中　r_s——刀具形成的加工表面半径，mm；

α_t——刀具围绕孔轴线转过的角度，rad。

通过对新型刀具加工过程的分析可以发现，孔侧壁的形成过程与传统螺旋铣削不同，需要经过多次的扩孔加工，图 6-11 为使用新型刀具后侧壁形成过程。

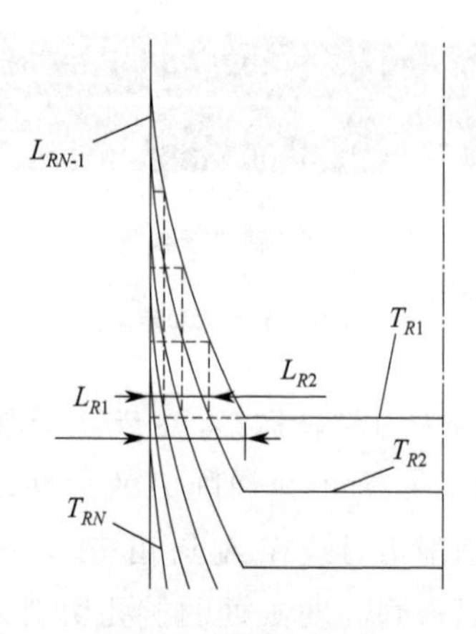

图 6-11　侧壁形成过程

在刀具经过第一次加工循环时刀具位于 T_{R1} 位置，孔壁剩余材料的最大厚度为 L_{R1}；在经过第二个加工循环后，刀具运动到 T_{R1} 正下方一个螺距深度的 T_{R2} 位置，此时孔壁剩余材料的最大厚度减小为 L_{R2}；在经过数个加工循环后刀具到达 T_{Rn} 位置，孔壁上的剩余材料被完全清除。

该过程中刀具运动的循环数量以及每个加工循环后侧壁剩余材料的厚度均受到刀具参数的影响，刀具扩孔切削刃母线形状由 R_T-R_t 与 h 共同决定。去除某一层材料所需要的加工循环数量由扩孔切削刃的高度与刀具轨迹螺距的比值决定，可由式(6-12) 所示。

$$N_r=\frac{h}{a_p} \tag{6-12}$$

式中　N_r——加工循环的次数，次。

刀具运动 n 个加工循环后，刀具的深度位置变化与循环数量的关系为：

$$Z_n=na_p \tag{6-13}$$

孔壁剩余材料在各加工循环后的剩余厚度以及每个加工循环中的去除厚度可由式(6-8)、(6-9)、(6-13) 获得，刀具参数及螺距对孔壁材料去除过程的影响如图 6-12 所示。

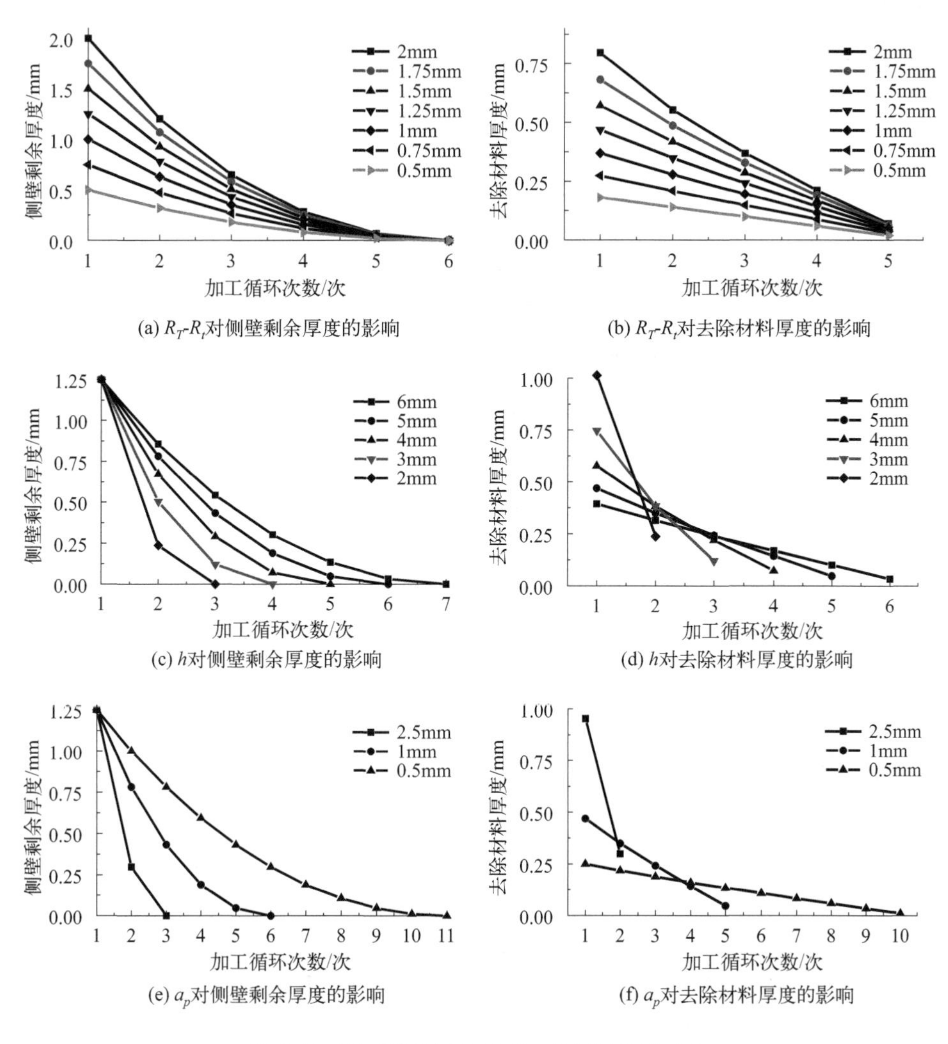

(a) R_T-R_t对侧壁剩余厚度的影响

(b) R_T-R_t对去除材料厚度的影响

(c) h对侧壁剩余厚度的影响

(d) h对去除材料厚度的影响

(e) a_p对侧壁剩余厚度的影响

(f) a_p对去除材料厚度的影响

图 6-12　刀具参数及螺距对孔壁材料去除过程的影响

图 6-12(a)、(b) 为 $h=5$mm、$a_p=1$ 时，刀具半径与刀具底刃半径的差值

对孔壁材料去除过程的影响，可见 R_T-R_t 决定了新型刀具加工中第一次加工循环后孔壁处材料的剩余厚度，同时会对每个加工循环中材料去除厚度产生影响，但并未对加工循环次数产生影响。图 6-12(c)、(d) 为 R_T-$R_t=1.25$、$a_p=1$ 时，扩孔切削刃高度对孔壁材料去除过程的影响，可见在螺距不发生变化的情况下，扩孔切削刃的高度决定了加工循环的次数，高度越小，每个加工循环中需要去除的材料厚度越大。图 6-12(e)、(f) 为 R_T-$R_t=1.25$、$h=5$mm 时，刀具运动轨迹螺距对孔壁材料去除过程的影响，可见在扩孔切削刃高度不发生变化的情况下，螺距决定了加工循环的次数，随着螺距的增大，加工循环的次数减小，每个加工循环中去除的材料厚度增加。

图 6-13 为出口形成过程中刀具外沿与工件底层材料交点的位置曲线。

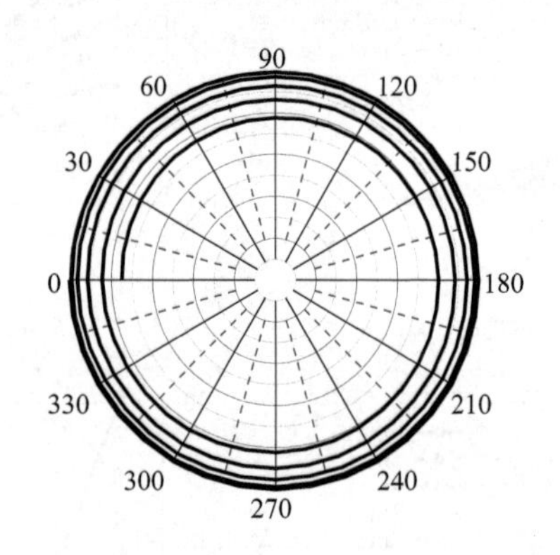

图 6-13 刀具外沿与工件底层材料交点位置曲线

螺旋制孔过程中新型刀具通过轴向运动引发刀具径向尺寸改变的特点，在出口形成过程中体现为：在扩孔切削刃对出口材料进行去除的过程中，随着刀具的轴向运动对底层材料进行加工的切削刃直径逐渐增大，刀具外沿与底层材料的接触位置随着刀具的行星运动划出了一条半径逐渐增加的螺旋线。该过程与侧壁的加工过程相似，形成的螺旋线形状会受到刀具参数及螺距的影响，刀具半径与刀具底刃半径的差值决定了螺旋线起始半径的长度，扩孔切削刃的高度以及刀具轨迹螺距共同决定了螺旋线半径变化速率以及半径转动次数。

6.2 低损伤螺旋制孔新型刀具切削力特性研究

6.2.1 低损伤螺旋制孔新型刀具切削力时变模型

由于 CFRP 低损伤螺旋制孔新型刀具的结构特殊，在加工过程中所产生的切削力比立铣刀更加复杂。在对传统螺旋铣削切削力建模的过程中，刀具产生的切削力被认为是刀具底刃产生的切削力和刀具侧刃产生的切削力的和。新型刀具包含底刃、扩孔切削刃、侧刃，而加工中刀具的底刃与立铣刀的底刃除了直径有所差别外其加工过程完全相同，两种刀具的侧刃除接触工件的面积不同外其加工过程完全相同。因此只需获得新型刀具扩孔切削刃的切削力，根据实际加工状态计算刀具底刃及侧刃产生的切削力，并进行叠加就可以获得其螺旋制孔过程中的切削力。新型刀具螺旋制孔过程中的切削力可表示为：

$$F_O(t)=F_M(t)+F_R(t)+F_P(t) \tag{6-14}$$

式中 F_O——新型刀具加工产生的切削力，N；

F_M——刀具底刃所产生的切削力，N；

F_P——侧刃所产生的切削力，N；

F_R——扩孔切削刃所产生的切削力，N。

其中 F_M，F_P 的计算方式与普通立铣刀中底刃与侧刃切削力计算方法完全相同。

在 CFRP 低损伤螺旋制孔新型刀具加工时，刀具的扩孔切削刃和侧刃与使用立铣刀加工时刀具侧刃的加工方式相似，都是进行侧铣加工。不同的是新型刀具与工件的接触面积，即未变形切屑的形状有所不同，其形状如图 6-14 所示。

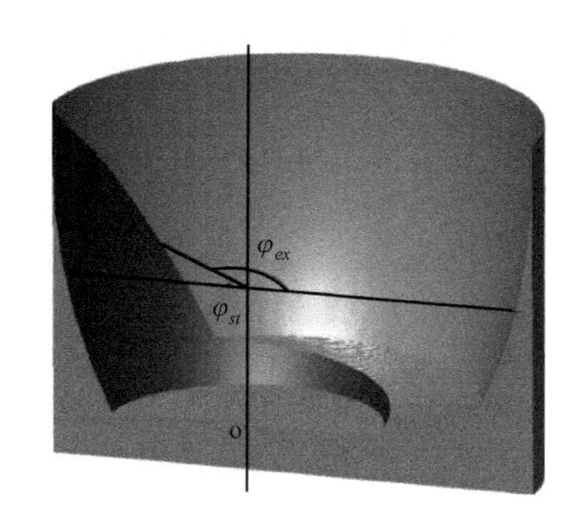

(a) 新型刀具切削区域

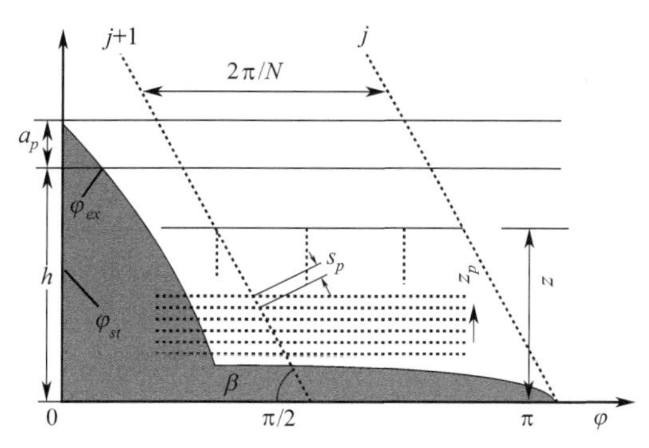

(b) 切屑展开形状

图 6-14 新型刀具未变形切屑形状

由图 6-14 可见，新型刀具加工中未变形切屑的形状相对复杂，其边界可由刀具曲面刀具回转轮廓曲面方程(6-10) 和加工表面方程(6-11) 联立获得，再根据加工过程中新型刀具的实际加工状态确定判断函数 $g(\varphi)$。与传统立铣刀不同，新型刀具加工中切屑最大宽度为扩孔切削刃高度与螺旋线轨迹螺距的和，从刀具底刃到高度为 h 处的未变形切屑由扩孔切削刃去除，从高度为 h 处到高度为 $h+a_p$ 处的切屑由刀具侧刃去除。

根据本书 4.4.1 中对立铣刀侧刃建立切削力模型的方法，对新型刀具的扩孔切削刃建立切削力模型，在刀具坐标系下其切削力包含 F_x^{tR}，F_y^{tR}，F_z^{tR}。由式(6-14) 可得，加工时作用在刀具上的切削力为：

$$\begin{cases} F_x^t = F_x^{tR} + F_x^{tP} \\ F_y^t = F_y^{tR} + F_y^{tP} \\ F_z^t = F_z^{tR} + F_z^{tP} + F_M \end{cases} \tag{6-15}$$

再将切削力由刀具坐标系转换至工件坐标系，由此可以得到 CFRP 低损伤螺旋制孔刀具加工中作用在工件上的切削力为：

$$\begin{cases} F_x^w = F_x^t \cos\theta_t + F_y^t \sin\theta_t \\ F_y^w = -F_y^t \sin\theta_t + F_y^t \cos\theta_t \\ F_z^w = F_z^t \end{cases} \tag{6-16}$$

6.2.2 低损伤螺旋制孔新型刀具切削力模型验证

为了验证 CFRP 低损伤螺旋制孔刀具切削力模型，参照本书 4.4.2 中立铣刀的参数设计制造了无涂层、直径为 8mm 的新型刀具，具体参数如表 6-2 所示。

表 6-2 CFRP 低损伤螺旋制孔刀具参数

特征	数值
底部切削刃直径	5.5mm
刀具侧刃直径	8mm
扩孔切削刃高度	5mm
刀具材料	K20
螺旋角	30°
齿数	4 个
刃口钝圆半径	0.04mm
底刃、侧刃、扩孔切削刃前角	7°
底刃、侧刃、扩孔切削刃后角	7°

由于制作的 CFRP 低损伤螺旋制孔刀具与本书 4.4.2 中的立铣刀具使用相同的材料、螺旋角、前角及后角，可认为新型刀具的底刃及侧刃与立铣刀在加工相同材料时具有相同的切削力系数，因此只需要对新型刀具扩孔切削刃的切削力系数进行辨识。在新型刀具切削力系数辨识实验中，使用与立铣刀切削力系数辨识实验相同的工件、实验设备以及实验参数。在加工中，由于扩孔切削刃切削过程与侧刃相同为侧铣，因此扩孔切削刃切削力系数的辨识方法与刀具侧刃切削力系数的辨识方法相同。为了简化辨识及计算过程，假设扩孔切削刃上不同高度的切

削微元切削力系数相同，切削力系数如表 6-3 所示。

表 6-3 CFRP 低损伤螺旋制孔刀具扩孔切削刃切削力系数

切削力系数	K_{rtc}	K_{rte}	K_{rrc}	K_{rre}	K_{rac}	K_{rae}
数值	636.00	3.74	735.90	11.65	−134.99	0.76

从表 6-2 可以发现，扩孔切削刃的切削力系数中 K_{rac} 为负值，K_{rae} 为正值，这说明扩孔切削刃产生的切削力方向受切削参数的影响。当加工过程中每齿进给量较小时，扩孔切削刃产生的轴向力与轴向进给方向相同，随着每齿进给量的增加，轴向力逐渐减小至零，当每齿进给量继续增加，轴向力的方向改变为与轴向进给方向相反并逐渐增大。

将 CFRP 低损伤螺旋制孔刀具切削力系数及加工参数代入切削力模型中就可以获得其螺旋制孔过程中的切削力曲线。图 6-15 中展示了新型刀具加工中主轴转速为 1000r/min、偏心距为 1mm、切向进给量为 0.032mm/t、轴向进给量为 0.005mm/t 时切削力实验结果与模型预测结果。

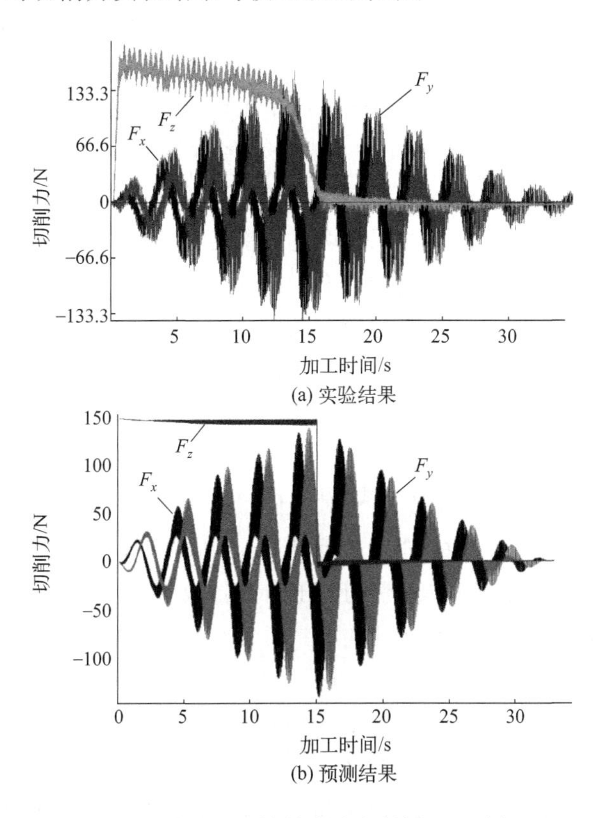

图 6-15 低损伤螺旋制孔切削力实验结果及预测结果

通过图中实验结果与模型预测结果可以发现，该切削力模型能准确预测出加工过程中 X 向、Y 向切削力的大小及变化趋势，同时可以较为准确地预测出轴向力的大小及变化趋势，结果表明该模型可用于 CFRP 低损伤螺旋制孔加工的切削力预测。

6.2.3　低损伤螺旋制孔新型刀具切削力特性分析

切削力是切削过程中一个重要的物理量，在表征刀具及工件受力情况的同时还可反映刀具及工件的加工状态。图 6-16 展示了主轴转速为 2000r/min，偏心距为 1mm，螺距为 1mm，每齿进给量为 0.032mm/t 时，使用传统立铣刀及 CFRP 低损伤螺旋制孔刀具对厚度为 5mm 的 CFRP 工件进行螺旋制孔加工时切削力以及刀具在关键高度位置时工件的剖面及对应的出口图像。

由图 6-16(a) 可以发现，实际加工中孔壁及出口处的形成过程与本书 6.1.2 的分析基本一致，切削力曲线中 OA、AB、BC、CD、DE 与刀具的关键高度相对应。OA 段显示刀具接触工件后轴向力在极短时间内迅速增加到最大值 190N，该阶段刀具并未切入工件内部，因此刀具在 XY 平面内的行星运动并未引起 X 向、Y 向切削力明显的变化。AB 段显示了刀具沿轴向进给直至刀具底刃到达工件最底层时轴向力的变化过程，由于实验中工件厚度与扩孔切削刃高度相等，因此轴向力曲线中 B 点同时代表着孔入口处直径达到所需尺寸的时刻。该阶段 X 向、Y 向的切削力呈正弦曲线趋势周期变化，在对切削力模型的分析中可以发现，新型刀具稳定切削过程中，扩孔切削刃参与切削的高度为 $h+a_p$，远大于普通立铣刀。在 AB 段随着刀具切入工件，扩孔切削刃与工件的接触面积不断增大，扩孔切削刃上参与切削的切削刃微元数量逐渐增加，所产生的切削力也在逐渐增加，因此工件所受到的 X 向、Y 向的切削力在周期变化的同时，其幅值也在不断增大。

BC 段显示了刀具底刃通过工件最底层，推挤出部分材料而造成轴向力快速降低的过程。通过对工件剖面及刀具对应位置的观察可以发现，扩孔切削刃与工件的最大接触面积出现在 BC 阶段，因此可以观察到 X 向、Y 向的最大切削力幅值出现在该阶段。此时可以观察到孔出口处形成了一个不规则的圆形并存在由少量 CFRP 材料形成的切屑帽悬挂在出口处，出口边缘存在少量毛刺。CD 段展示了刀具扩孔切削刃对孔出口处剩余材料的去除过程中的切削力，在切削刃螺旋角的影响下轴向力出现了负值，其最小值达到了 −33.43N。随着刀具穿过工件底层材料，参与切削的扩孔切削刃微元逐渐减少，因此在 CD 段 X 向、Y 向切削力的幅值逐渐减小。与 BC 段相比该阶段出口尺寸有所扩大且形状更接近圆形，出口处大部分毛刺已被去除，但仍有少量毛刺存在于边缘处。

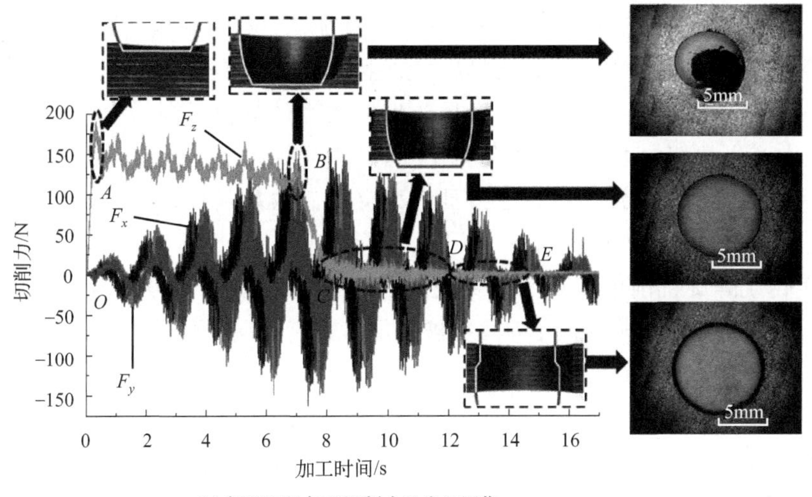

(a) 新型刀具加工切削力及出口图像

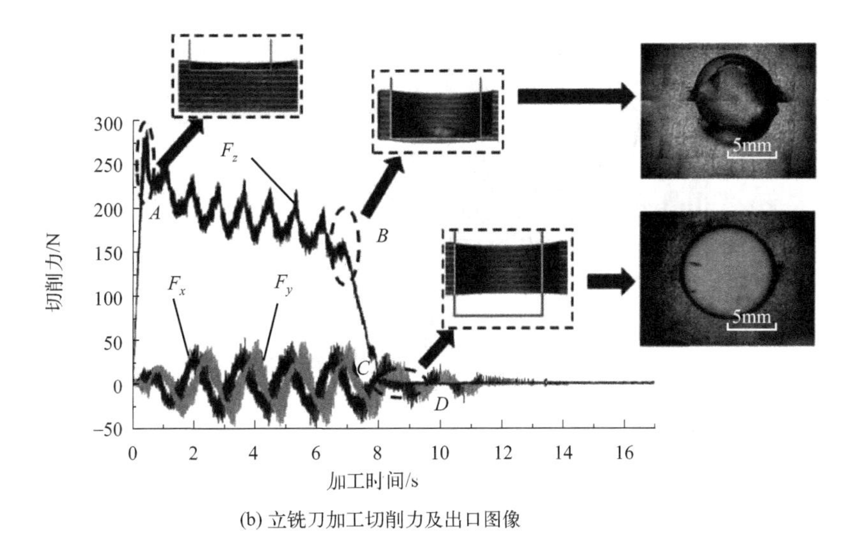

(b) 立铣刀加工切削力及出口图像

图 6-16　新型刀具及立铣刀加工切削力及出口图像

DE 段展示了加工过程的最后阶段，轴向力在零附近极小范围内波动，且负向轴向力占主导作用。刀具侧刃对出口处进行最后的扩孔加工以保证出口达到所需尺寸，随着刀具的轴向运动，扩孔切削刃、侧刃与孔壁材料的接触面积逐渐减小，X 向、Y 向切削力的幅值进一步减小，由于刀具的行星运动还在继续，侧刃与孔壁上的已加工表面发生刮擦，X 向、Y 向的切削力无法降低至零。至此 CFRP 低损伤螺旋制孔加工过程已全部完成，观察可知，此时出口被进一步扩大至所需尺寸并呈正圆形，毛刺被完全去除形成了光滑完整的出口。

图 6-16(b) 为使用立铣刀进行螺旋铣削时切削力及出口图像，与图 6-16(a) 对比可以发现在相同的加工参数下，两种刀具加工过程存在以下区别。

① 在稳定加工过程中，立铣刀加工产生的轴向力要明显大于新型刀具；

② 随着新型刀具深入工件，刀具产生切向力的幅值不断增大，而立铣刀加工过程中产生的切向力幅值基本保持不变；

③ 应用新型刀具加工时，在刀具底刃突破底层材料后，刀具产生的负向轴向力更加显著且作用时间更长；

④ 传统螺旋铣削中，立铣刀突破底层材料后在较短的时间内完成了加工，使用新型刀具螺旋制孔时，在刀具突破底层材料后径向力幅值开始逐渐减小，并且在扩孔过程中消耗大量的时间。

CFRP 孔加工中轴向力会对加工质量产生重要影响，图 6-17 中对比了转速为 2000r/min、偏心距为 1mm、螺距为 1mm、每齿进给量为 0.032mm/t 时，使用传统立铣刀及新型刀具的加工轴向力。

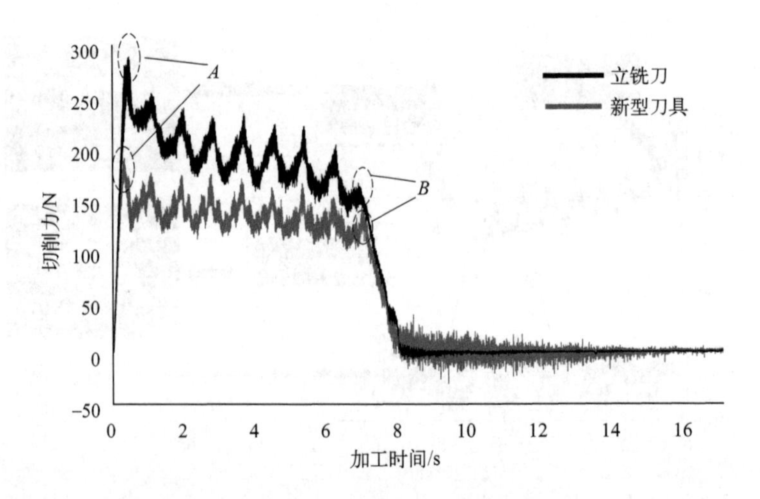

图 6-17 立铣刀及新型刀具加工轴向力对比

由图 6-17 可知，加工刀具的改进会对加工轴向力的变化趋势产生影响，图中两条轴向力曲线的变化趋势大致相似。当加工开始，刀具的底刃接触工件顶层材料时，轴向力迅速上升至最大值（*A* 点），受到刀具外形的影响，新型刀具加工中产生的最大轴向力（190N）要明显小于传统立铣刀（288N）。在两种刀具的稳定加工阶段轴向力均呈缓慢下降趋势。当刀具底刃开始加工工件最底层材料（*B* 点）时，轴向力迅速降低至零附近，并维持在该水平直至加工完成。表 6-4 中列举了两种刀具在主轴转速 2000r/min、偏心距 1mm、螺距 1mm、螺旋线轨迹升角 9.05°，不同每齿进给量下 *A* 点和 *B* 点的轴向力数值。

表 6-4 新型刀具与立铣刀加工轴向力对比

每齿进给量/(mm/t)	新型刀具加工轴向力/N		立铣刀加工轴向力/N	
	A 点	B 点	A 点	B 点
0.016	127.2	97.7	200.1	136.8
0.024	155.9	114.7	252.1	140.7
0.032	190.2	131.5	288.8	161.7
0.04	194.1	143.2	323.6	195.2

据表 6-4 发现新型刀具可以有效地减小加工中的轴向力，在 A 点处新型刀具相比于传统立铣刀产生的轴向力可减小 35%左右。而在最易引起出口处分层损伤的 B 处，新型刀具可减小 20%以上的轴向力。可以发现，在扩孔过程中扩孔切削刃产生的负向轴向力始终作用于出口处材料，使出口处剩余材料始终在负向轴向力提拉式的作用下被去除，避免了一般的螺旋铣削及钻削中刀具对出口处材料的推挤作用。

6.3 低损伤螺旋制孔新型刀具加工温度场预测模型

6.3.1 低损伤螺旋制孔新型刀具切削力热通量计算

由式(5-10) 可知，切削刃微元产生的热通量与微元产生的切削力和切削速度相关。新型刀具的切削力模型以及与各切削刃相关的切削力系数已在本书 6.2.2 中获得。新型刀具中扩孔切削刃微元的切削速度与该微元所在位置相关，可由式(4-6) 计算获得。新型刀具扩孔切削刃及侧刃转动一周所产生的热量作用在工件上的热通量 q_{OR} 可以表示为：

$$q_{OR}=\sum_{j=1}^{N}\int_{0}^{h+a_p}\int_{0}^{2\pi}\{g(\varphi_j)\ [C_1F_s(\varphi)v_s+C_2F_f(\varphi)V]\}\,\mathrm{d}\varphi\mathrm{d}z \qquad (6\text{-}17)$$

6.3.2 低损伤螺旋制孔新型刀具切削力加工温度场预测

立铣刀及新型刀具对孔壁加工过程如图 6-18 所示。

传统螺旋铣削过程中，刀具沿螺旋线运动未变形切屑的最大宽度为刀具轨迹的螺距，刀具只会对孔壁上的某一高度材料进行一次切削加工，如图 6-18(a) 所示。当该位置的材料被去除后，即使刀具继续沿螺旋线运动，刀具的侧刃也不会与此处材料再发生切削作用，所以孔壁材料的温度变化曲线中只有一次温度剧烈波动，与之相邻的前后两次波动是由刀具加工上方及下方材料时热传导所引起。

图 6-18(b)～(f)为使用新型刀具螺旋制孔加工中孔壁的形成过程，由实线围成的区域表示刀具对工件的切削区域。以最顶层材料为例，可以发现加工过程中刀具的扩孔切削刃对顶层材料进行多次切削，随着刀具加工深度的增加，刀齿每转动一周与最顶层材料接触的长度（与顶层材料重合的实线长度）逐渐减小，即切削刃微元转动一周内与工件相互作用的时长缩短。

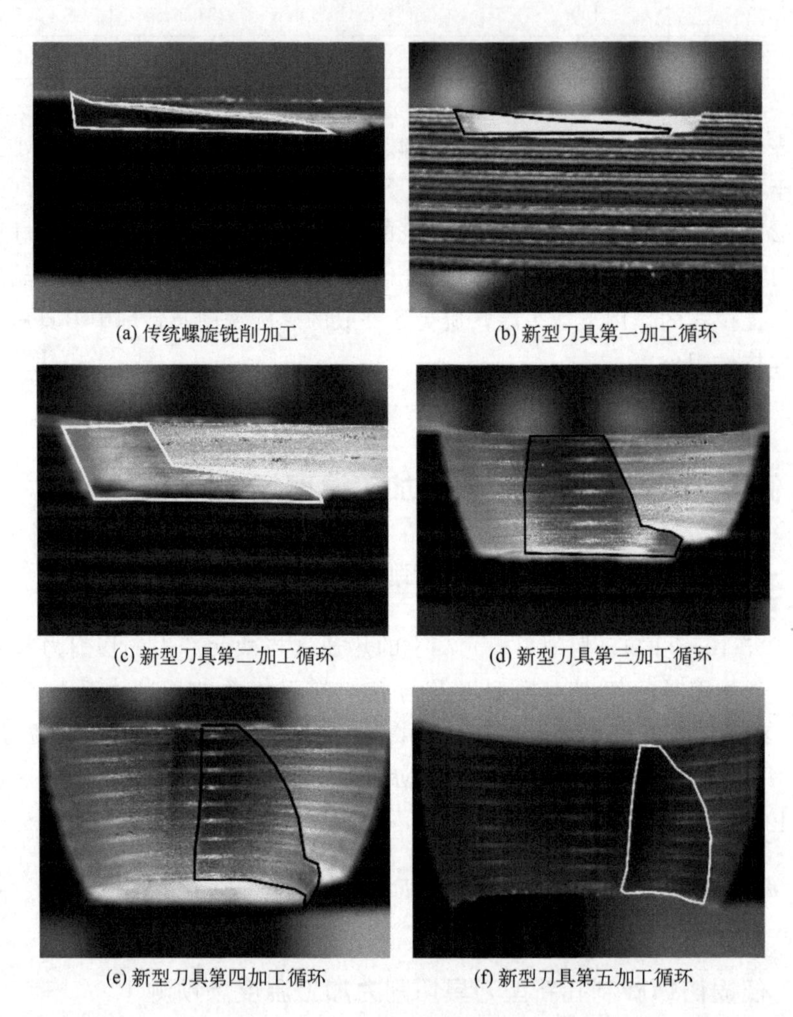
(a) 传统螺旋铣削加工

(b) 新型刀具第一加工循环

(c) 新型刀具第二加工循环

(d) 新型刀具第三加工循环

(e) 新型刀具第四加工循环

(f) 新型刀具第五加工循环

图 6-18 立铣刀及新型刀具对孔壁加工过程

为了更直观地对比传统立铣刀及新型刀具螺旋制孔中产生的热通量，本书计算了直径为 8mm 的立铣刀和 CFRP 低损伤螺旋制孔刀具以螺距 1mm、偏心距 1mm、相同转速加工同一高度位置材料时所产生的热通量。CFRP 的导热能力较差，刀具底刃在加工中产生的热量大部分由切屑带走，刀具侧刃和扩孔切削刃直接作用在孔的侧壁上，对孔壁加工温度的影响最为明显，因此图 6-19 对比了立铣刀及新型刀具加工中扩孔切削刃及侧刃产生的热通量。

以刀具与工件最顶层材料最初接触位置所形成的孔壁为对象，立铣刀侧刃在加工该处材料转动一周所产生的热通量在图6-19中左侧用实线表示，t 为刀具转动周期。根据刀具参数及加工参数可知，使用新型刀具加工中，孔入口共经历6次扩孔。加工后形成所需尺寸的入口，在每一次扩孔过程中刀具经过该处材料切削刃转动一周所产生的热通量在图中右侧用实线表示。

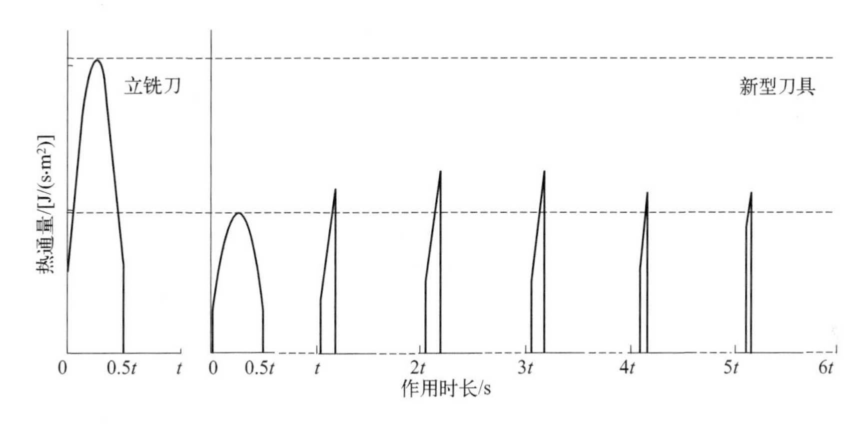

图6-19 立铣刀侧刃及新型刀具扩孔切削刃产生的热通量

由图6-19可知，螺旋铣削中立铣刀侧刃在0°～180°之间与工件接触产生切削热，受切屑厚度呈正弦规律变化的影响，热通量也呈正弦函数变化。新型刀具在一个自转周期内切削刃产生的热通量变化趋势与立铣刀相同，两把刀具的角速度相同，但由于扩孔切削刃底端的直径较小，致使新型刀具在一个自转周期内产生的热通量远小于立铣刀产生的热通量。

当刀具经过一个公转周期再次对该处材料进行加工时，与该处材料相接触的扩孔切削刃直径增加，但接触时长有所减小，在后续的4个加工循环中依然遵循该变化规律，由图6-19可以发现在6个加工循环中刀具的作用时长依次减小。在扩孔过程中扩孔切削刃不断对聚集大量热量的孔壁表面材料进行去除，通过高温切屑的形式带走大量的切削热。经过计算，新型刀具在6个加工循环内，刀具对孔壁上材料施加的总热通量小于传统立铣刀在一次加工循环中产生的热通量，并且新型刀具加工过程中热量分散在多个加工循环中逐步施加到工件材料，致使孔壁表面材料有更充分的时间通过对流散热并向工件内部进行热传递，避免大量的热量聚集在孔壁表面造成剧烈的温度变化。

本书对CFRP低损伤螺旋制孔新型刀具加工CFRP时温度场预测模型的准确性进行了验证。除使用新型刀具进行实验外，实验设备、实验试件、加工参数以及实验过程与本书5.3.4完全一致。使用第Ⅰ组切削参数，半圆结构半径为6mm，使用新型刀具对 CFRP 进行螺旋铣削时加工温度及模型预测结果，如图 6-20 所示。

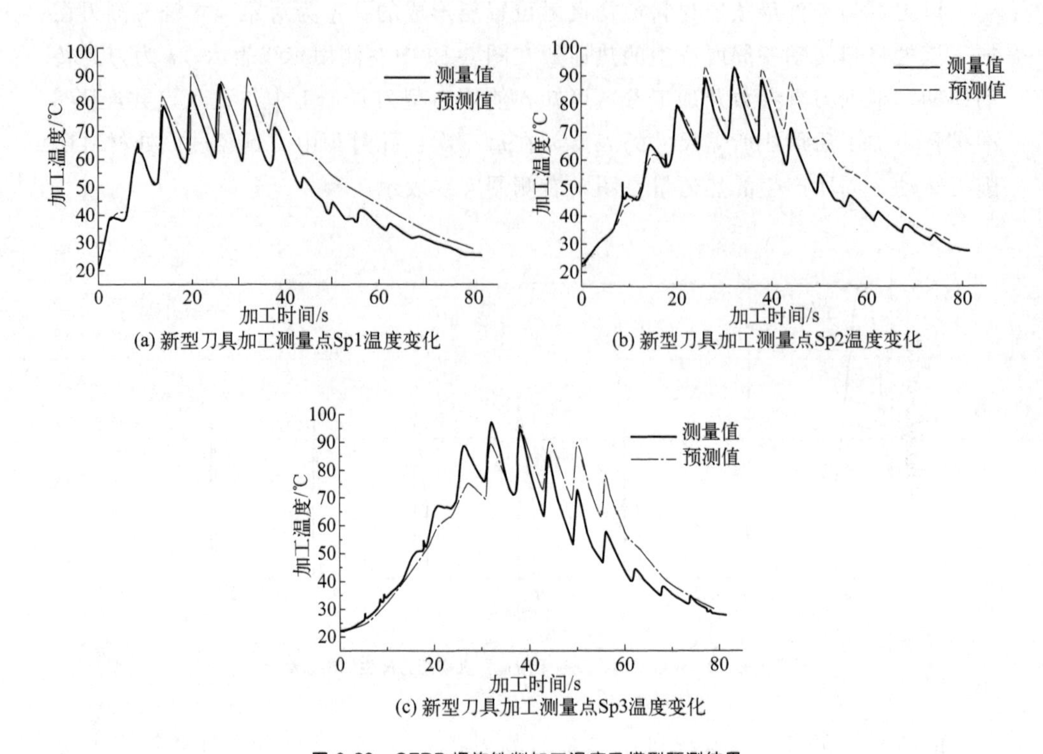

图 6-20　CFRP 螺旋铣削加工温度及模型预测结果

图 6-20(a)～(c) 分别记录了使用新型刀具进行螺旋铣削时，孔壁厚为 1mm 不同深度位置工件外壁温度变化的实验结果及模型预测结果。模型的预测结果与实验结果能较好吻合，预测模型可对螺旋铣削过程工件侧壁上测量点温度的波动周期、温度变化幅度做出较为准确的预测，加工过程中热量累积所造成的工件温度上升也可以在预测结果中较好体现。对不同深度位置测量点的温度变化起始时间，变化趋势可以做出准确的预测。与本书 5.3.4 中的预测结果相同，模型无法对加工完成后刀具与工件内壁的摩擦热进行预测；在 Sp1 点最高温度的预测结果要高于实际值，在 Sp2 点的最高温度值与实际值相近，在 Sp3 点的最高温度值与实际数值相近，但在模型对最大值出现前的预测结果偏低，对最大值出现后的预测结果偏高。

不同切削参数不同孔壁厚度下 Sp3 点最高温度的实验结果与预测结果如图 6-21 所示。

由图 6-21 可知，预测结果与针对普通立铣刀的预测模型结果相近，测温点和孔壁的距离对测量点的温度具有重要影响，温度场模型对 Sp3 点的最高温度有着较好的预测效果，与普通立铣刀模型的预测结果相比预测结果误差偏大，但误差均不超过 15%。

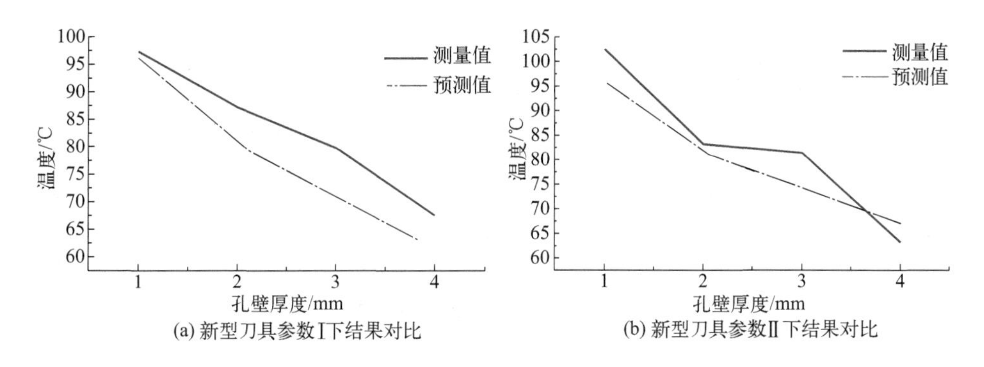

图 6-21 Sp3 点最高温度的实验结果与预测结果

图 6-22 为加工过程中（新型刀具参数Ⅱ下孔壁厚度为 4mm 处）Sp3 点获得最高温度时，所在平面加工温度分布预测。

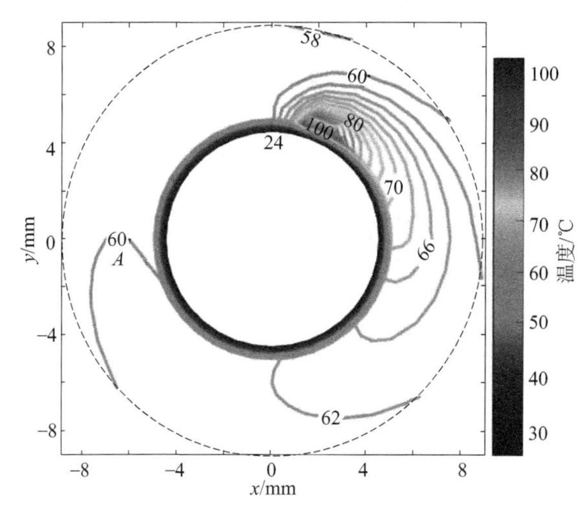

图 6-22 Sp3 点所在平面加工温度分布预测图

由于加工过程中热量在工件内部积累造成了工件整体温度上升，该平面内最低温度约为 58℃，高温区域主要集中在热源附近的孔壁处，热源的移动导致了孔壁处高温区域的位置发生改变。由于高温区域沿着孔壁移动，导致了工件内部的等温线呈弧线向工件内部扩散。在高温区域，移动方向的前方等温线更加密集、温度梯度较大，移动方向的后方等温线的密度逐渐减小，所有的等温线均呈现相似的形状。以 A 处附近 60℃等温线为例，靠近内外孔壁处的材料温度较低，等温线向内收缩并向热源方向移动，可见模型中作用在内外孔壁处的空气对流换热发挥了作用。综合以上分析可以发现该模型对不同加工参数、孔壁厚度及标记点位置的温度预测均显示出了较好的效果，可以用于 CFRP 低损伤螺旋制孔新型刀具加工过程中工件内部温度场的预测。

6.3.3 加工温度对比

CFRP 孔加工中加工温度对加工质量有着重要影响，本书 6.3.2 对加工过程中两种刀具切削刃产生的热通量进行了对比，本部分对实际加工中两刀具的加工温度进行对比。实验中使用与本书 5.3.4 中相同的实验设备，保留孔壁厚度 1mm，以偏心距 1mm、螺距 1mm、切向进给量 0.016mm/t、轴向进给量 0.0025mm/t 进行实验，为了保证刀具轨迹和测量点间的相对位置保持不变，实验中通过改变刀具转速的方式提高切削速度，刀具转速选取 1000r/min、1500r/min、2000r/min、2500r/min（切削速度选取 25.12m/min、37.68m/min、50.24m/min、62.8m/min）进行加工实验。图 6-23 为主轴转速为 2500r/min 时，使用传统立铣刀及新型刀具加工时由红外热像仪采集的加工温度数据。

温度曲线中每一次波动都代表刀具在一个公转周期内刀具靠近测量点，再远

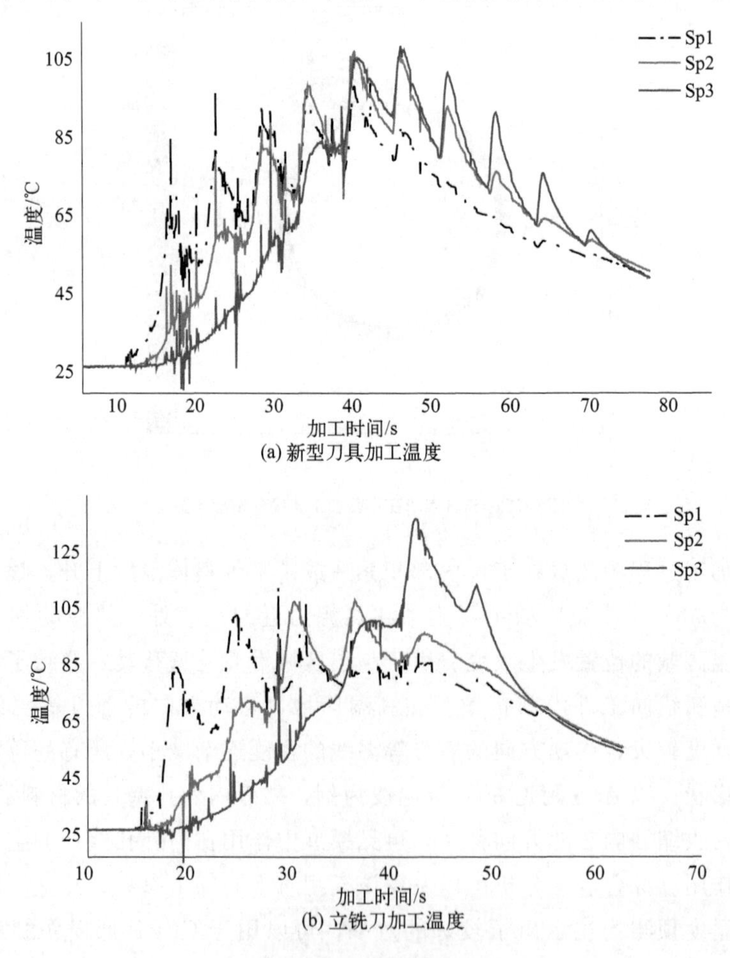

图 6-23 两种刀具的加工温度对比

离测量点的一个循环过程。由图 6-23 可知，在使用新型刀具进行螺旋制孔时，当一个测量点的温度发生变化时其上方的测量点也会发生相同的变化，但变化幅度较小，这表明新型刀具加工中热源分布在更大的高度范围［图 6-24(a)］。而立铣刀加工中各测量点之间的相互影响不明显，各测量点的变化相对独立，这表明使用立铣刀加工时热源在高度方向上相对集中［图 6-24(b)］，同时每个测量点的加工循环数量少，但每个加工循环所造成的温升幅度较大。可见除了热量的积累外，每个加工循环中较大的温升也是造成传统立铣刀加工温度较高的重要原因。

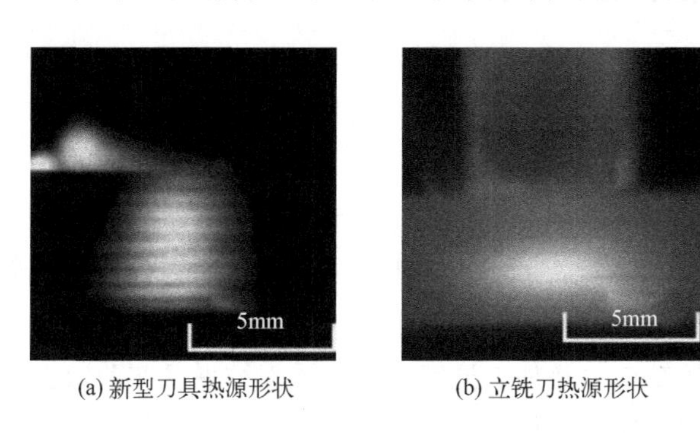

(a) 新型刀具热源形状　　(b) 立铣刀热源形状

图 6-24　新型刀具及立铣刀加工过程热源形状

两种刀具在不同切削速度下的最高温度如图 6-25 所示。

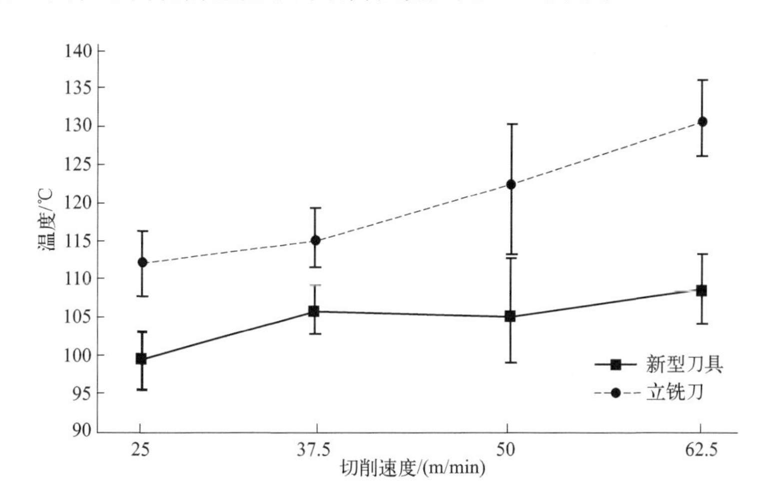

图 6-25　两种刀具在不同切削速度下的最高温度

两种刀具加工时侧壁的最高温度都会随着切削速度的增加而增加，但立铣刀的加工温度变化幅度要明显大于新型刀具，即在切削速度较高的情况下，两种刀具的切削温度差异会更加明显，因此从降低加工温度的角度出发，新型刀具更适合 CFRP 螺旋制孔加工。

新型刀具加工性能及高效抑损加工策略研究

本书第 6 章中提出了针对 CFRP 孔加工的低损伤螺旋制孔新型刀具，建立了新型刀具螺旋制孔过程中的切削力模型和切削温度场预测模型，并对比了传统立铣刀与新型刀具的轴向力及加工温度，模型计算结果及实验数据均表明新型刀具能有效地降低加工轴向力及加工温度。然而实际加工中加工质量、刀具寿命和加工效率是评价刀具优劣的关键影响因素，因此本章将对 CFRP 低损伤螺旋制孔刀具的实际加工性能进行研究，并基于新型刀具通过高效抑损加工策略的研究进一步提高 CFRP 螺旋制孔的加工效率。

7.1 新型刀具加工质量检测与分析

CFRP 孔加工中受切削力的影响，出入口处最容易产生撕裂、分层、毛刺等加工损伤，因此根据出口质量评价加工刀具的优劣是最直接的判断方法。本书通过对比传统立铣刀及 CFRP 螺旋制孔新型刀具所加工孔的出入口质量和孔壁质量判断新型刀具是否适用于 CFRP 孔加工。

7.1.1 出入口质量分析

螺旋铣削中刀具底刃产生的轴向力是造成撕裂、分层损伤的主要原因，大量研究表明轴向每齿进给量对轴向力的大小有着明显的影响，而加工过程中刀具的轴向进给速度直接影响刀具的加工效率，对于有大量制孔需求的 CFRP 构件来说加工效率是加工方法、刀具选择的重要评价条件。因此对比不同刀具在相同进给速度下所获得的出入口质量对评价加工刀具的优劣具有重要的参考意义。

图 7-1 记录了进给速度对传统立铣刀和新型刀具所加工孔出入口质量的影响。

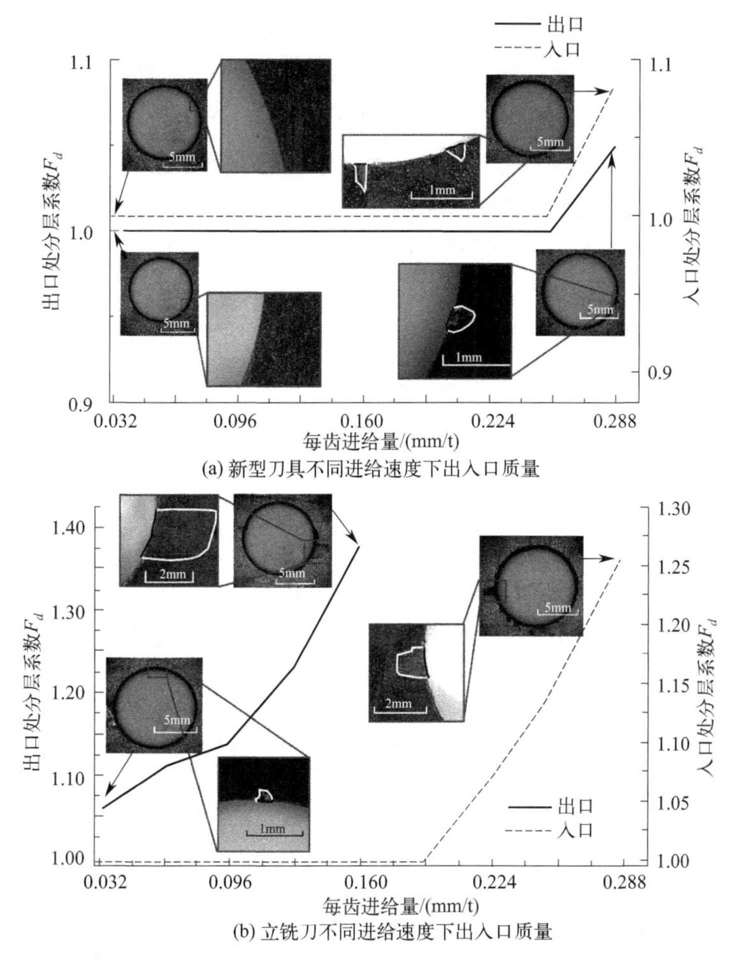

(a) 新型刀具不同进给速度下出入口质量

(b) 立铣刀不同进给速度下出入口质量

图 7-1 进给速度对立铣刀及新型刀具加工出入口质量的影响

实验中使用第 4 章中制造的直径为 8mm 的立铣刀及 CFRP 低损伤螺旋制孔刀具，以主轴转速 2000r/min、偏心距 1mm、螺距 1mm、螺旋线轨迹升角 9.05°，分别以每转进给量 0.008mm/t、0.016mm/t、0.024mm/t、0.032mm/t、0.04mm/t、0.048mm/t、0.056mm/t、0.064mm/t、0.072mm/t 进行螺旋制孔，每次实验中使用全新的刀具，并在刀具底刃伸出工件最低层材料长度为 0.5mm、2mm、6mm 时对出口进行拍照。

CFRP 低损伤螺旋制孔刀具加工中，利用切削刃螺旋槽产生的负向轴向力，在提拉出口处材料的同时进行切削，从原理上抑制了推挤分层的产生及扩展，但加工过程中扩孔切削刃产生的负向轴向力始终作用于孔壁材料，容易引起工件顶层材料产生剥离分层。因此在对比两种刀具加工质量时，所加工孔的入口质量也需进行对比，图 7-1 中虚线表示由两种刀具产生的负向轴向力所引起的入口处剥离分层程度随进给速度的变化关系。通过观察发现，两种刀具在进给速度较低的情况下均可以获得无损伤的入口。随着进给速度的增加，当进给速度为 0.056mm/t 时，传统立铣刀所加工孔的入口处首先出现了剥离分层，分层系数为 1.07；当进给速度达到 0.072mm/t 时入口处分层系数达到 1.26；当进给速度达到 0.072mm/t 时，新型刀具加工的孔入口处出现剥离分层，其分层系数为 1.05。相比于传统立铣刀，CFRP 低损伤螺旋制孔刀具可以在更高的进给速度下获得无缺陷的入口。

图 7-1 中实线为两种刀具所加工孔的出口处分层系数随进给速度变化的曲线。进给速度在 0.008～0.064mm/t 的范围内，新型刀具均可以提供一个完整平滑无损伤的出口，当进给速度增加至 0.072mm/t 时，出口处出现加工损伤，其分层系数为 1.07；在传统立铣刀进给速度为 0.008mm/t 时，出口处便存在加工损伤，其分层系数为 1.06；随着进给速度的增加出口质量进一步恶化，当进给速度为 0.004mm/t 时，出口处分层系数达到了 1.38。可见在保证出口质量的前提下，新型刀具加工的最大进给速度要远大于传统立铣刀的进给速度。

表 7-1 中记录了进给速度为 0.016～0.04mm/t 时，传统立铣刀及 CFRP 低损伤螺旋制孔刀具在不同刀具伸出长度下的出口图像。

表 7-1 新型刀具及传统立铣刀在不同进给速度下的出口

进给速度/(mm/t)	CFRP 低损伤螺旋制孔刀具伸出长度/mm				传统立铣刀伸出长度/mm			
	0.5	2	6	F_d	0.5	2	损伤位置	F_d
0.016	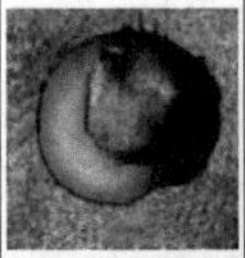	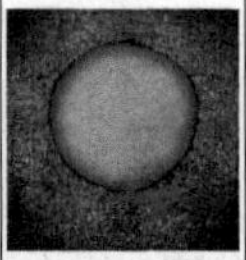	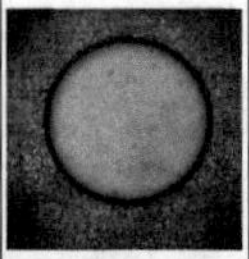	1	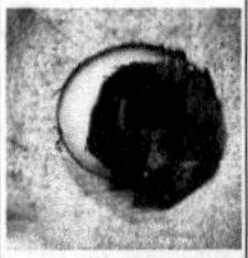	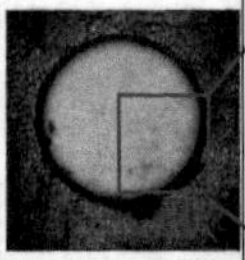	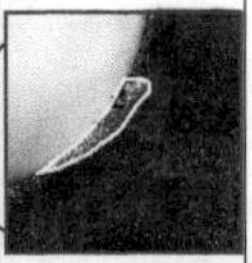	1.11
0.024	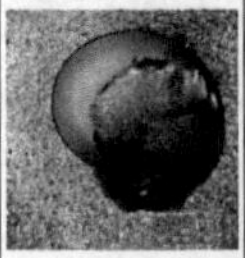	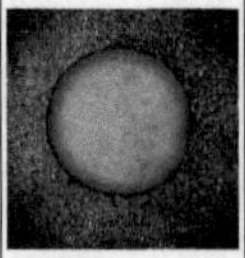	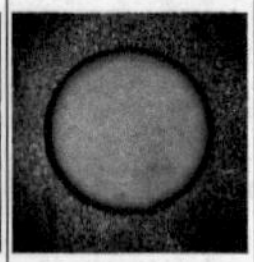	1	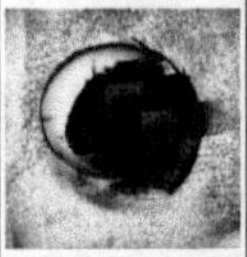	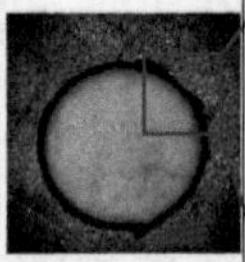	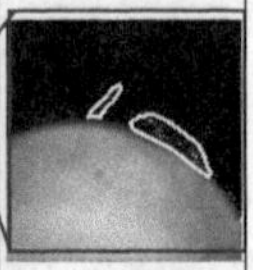	1.14
0.032	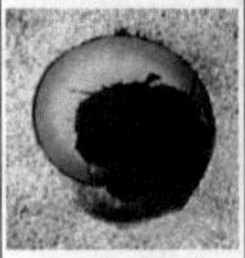	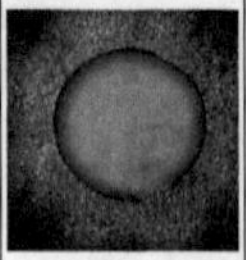	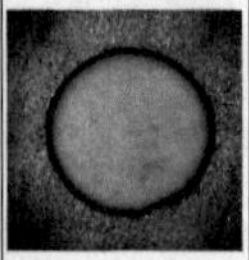	1				1.23
0.04	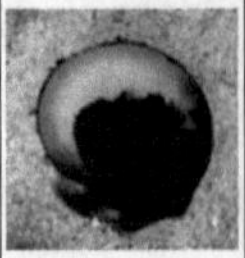	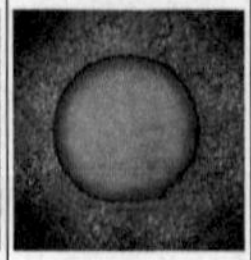	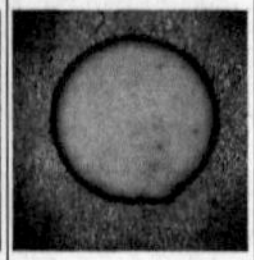	1			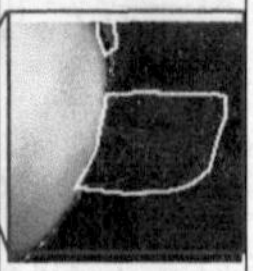	1.38

从表 7-1 中可以观察到，传统立铣刀所加工的出口处缺陷比新型刀具加工的出口处缺陷严重许多。在刀具伸出长度为 0.5mm 时，立铣刀所加工孔的出口处毛刺和分层现象随着进给速度的增加而变得明显，在后续的加工过程中出口处的损伤未能完全去除，仍留在出口处，在本实验中随着进给速度的增加立铣刀所加工的出口分层系数显著增大。新型刀具加工的出口形成过程与本书 6.1.2 中分析一致，最终形成了光滑完整无缺陷的出口，刀具铣削部分直径较小，加工时轴向力较小的同时，推挤出工件的切屑帽尺寸也较小。立铣刀与新型刀具加工所形成的切屑帽如图 7-2 所示，左侧为立铣刀加工时产生的切屑帽，右侧为新型刀具加工时产生的切屑帽。

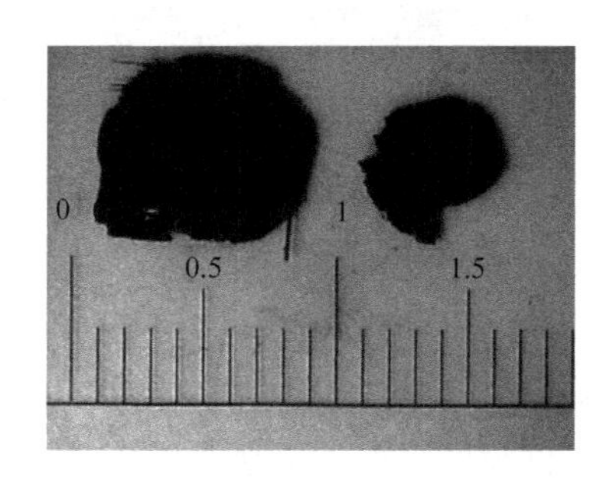

图 7-2　立铣刀及新型刀具形成的切屑帽

与立铣刀相同，随着进给速度的增加，新型刀具的加工质量出现恶化。当刀具伸出长度为 0.5mm 时，新型刀具所加工的出口处毛刺分层损伤逐渐增加。当刀具伸出长度为 2mm 时，出口处的加工损伤已逐步被去除。当刀具伸出长度为 6mm 时，扩孔切削刃已经去除了出口处的毛刺、撕裂及分层损伤，并获得了分层系数均为 1 的高质量出口。由此可见，相比于传统立铣刀，CFRP 低损伤螺旋制孔刀具可以在更高的进给速度下获得加工质量更加优异的入口及出口。

7.1.2　加工损伤去除过程

阶梯钻具有更小的轴向力，同时加工中刀具的第二阶切削刃还具有去除加工损伤的功能，因此阶梯钻的加工效果要明显优于普通钻头的加工效果。CFRP 低损伤螺旋制孔刀具加工中扩孔切削刃实现了类似于阶梯钻第二阶切削刃的功能，令刀具在轴向进给的同时改变了刀具与工件接触位置处的径向尺寸，使其实现了扩孔并抑制加工损伤的功能。

在常规的 CFRP 孔加工中，出口处材料在轴向力的作用下产生了脱离工件下表面的趋势，当纤维周围的基体材料无法提供足够的支撑时，纤维在无约束的情况下与切削刃发生接触，发生弹性变形而无法完成切削过程，从而形成了出口处的毛刺损伤。在使用 CFRP 低损伤螺旋制孔刀具加工时，扩孔切削刃所提供的负向轴向力使出口处材料具有了向工件一侧靠近的运动趋势，利用工件为出口处材料提供额外的支撑以完成纤维的去除过程。图 7-3 展示了由红外热像仪所记录的在扩孔阶段新型刀具加工中出口损伤去除过程。

(a) 产生毛刺

(b) 毛刺被切碎

(c) 毛刺被去除

图 7-3　新型刀具加工中出口损伤去除过程

观察可知，图 7-3(a) 中有一块尺寸较大的毛刺悬挂在出口处（轮廓由黑色实线标记），图中毛刺的颜色较深是由于毛刺悬挂在工件外侧不参与切削过程而导致温度逐渐下降，低于刀具和工件的温度。在图 7-3(b) 中可以发现毛刺的总面积增加了，但原本呈一个整体的大面积毛刺在切削刃的作用下被切成了两小块，在经过几次扩孔加工后毛刺几乎被完全去除［图 7-3(c)］。可见新型刀具实现了出口处损伤去除的功能。

7.1.3　孔壁加工质量分析

CFRP 加工表面的质量除受到切削深度[40,166]、切削速度[167,168]、进给速度的影响外还会受到纤维剪切角[41,169] 的影响，这是由于 CFRP 各向异性明显，在不同的纤维剪切角下材料的去除机理有所不同，致使在纤维剪切过程中当纤维剪切角接近 45°或 135°时容易引发表面质量下降的现象。

在单向 CFRP 直角切削实验中纤维剪切角易于确定，而在实际加工中受刀具转动及螺旋槽的影响，纤维剪切角需要通过计算获得。图 7-4 为铣削过程中纤维剪切角变化的示意图，在刀具转动半周的过程中，受到 30°螺旋槽的影响，碳纤维与刀具侧刃形成的纤维剪切角从 150°变化至 30°。

将纤维剪切过程进一步简化，如图 7-4(b) 所示，将 Y 轴视为一根碳纤维，在 O 点与切削刃发生接触，OB 为切削力的方向，γ_f 为刀具转动角度，θ_f 为纤维剪切角，则存在如下关系

$$|\overrightarrow{OA}|=\frac{a_f}{\tan\beta_f} \tag{7-1}$$

$$\overrightarrow{AB}=\begin{bmatrix} a_f\sin\gamma_f \\ a_f\cos\gamma_f \end{bmatrix} \tag{7-2}$$

$$\overrightarrow{OB}=\begin{bmatrix} a_f\sin\gamma_f \\ a_f\cos\gamma_f \\ \dfrac{a_f}{\tan\beta_f} \end{bmatrix} \tag{7-3}$$

$$\overrightarrow{OY}=\begin{bmatrix} 0 \\ 1 \\ 0 \end{bmatrix} \tag{7-4}$$

$$\angle\theta_f=\arccos\frac{OB\times OY}{|OB|\times|OY|} \tag{7-5}$$

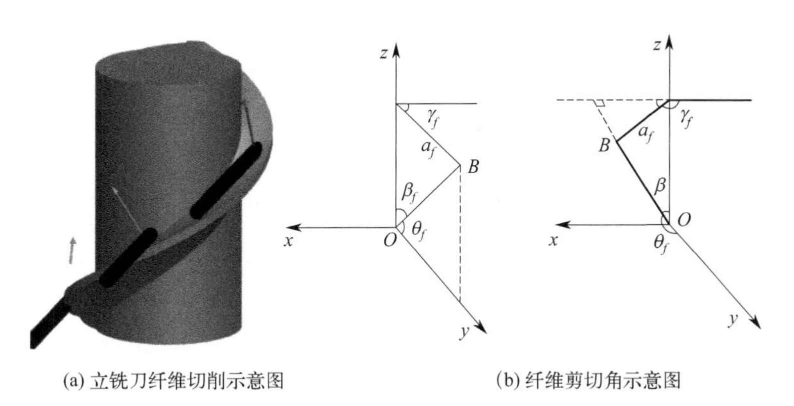

(a) 立铣刀纤维切削示意图　　(b) 纤维剪切角示意图

图 7-4　铣削过程中的纤维剪切角

因此在获得纤维铺覆方向、刀具转动角度及刀具螺旋角的情况下可以对纤维剪切角进行计算。图 5-2 中工件内部纤维铺附顺序已知，通过观察，图中亮度较高的一层纤维铺覆方向为 0°，则图 5-2(a) 中的微坑发生在纤维剪切角约为 130°位置的附近。界定纤维破坏模式的角度值会随着基体强度变化而改变[34]，而以环氧树脂为基体的 CFRP，其基体强度受温度的影响，随着温度的升高基体材料强度逐渐减弱，可以引发微坑的纤维剪切角角度值也不断向两侧扩大，这也是随着工件初始温度升高孔壁上出现微坑的范围及深度不断增加的原因。

本研究中的新型刀具通过将螺旋状切削刃构建在含有锥度的刀身上，实现在螺旋铣削中铣孔并扩孔的同时改变切削过程中纤维剪切角的分布比例，减少加工过程中纤维剪切角在 45°以及 135°[41] 附近的纤维切削过程以提高表面加工质量。图 7-5 为新型刀具切削过程纤维剪切角的变化示意图。

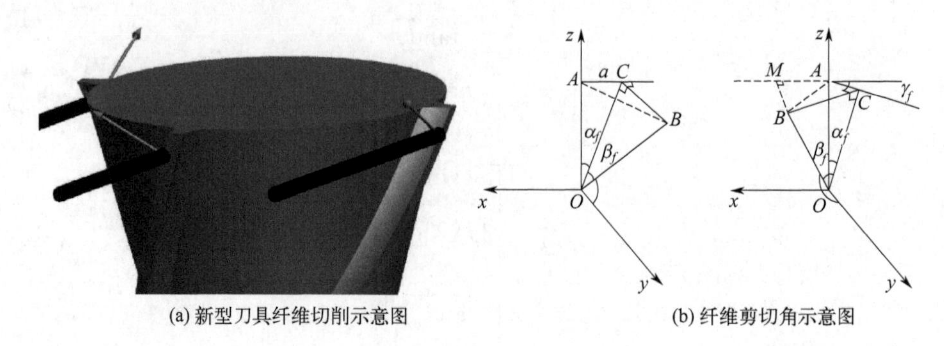

(a) 新型刀具纤维切削示意图　　(b) 纤维剪切角示意图

图 7-5　新型刀具切削过程纤维剪切角的变化

扩孔切削刃分布于含有锥度的刀体上，其切削过程可认为是普通立铣刀的切削刃进行了一次倾角为 α_f 的偏转，其切削过程中存在如下关系：

$$|\overrightarrow{OA}|=\frac{a}{\tan\alpha_f}$$

$$|\overrightarrow{OC}|=\frac{a}{\sin\alpha_f}$$

$$|\overrightarrow{CB}|=|\overrightarrow{OC}|\times\tan\beta_f \tag{7-6}$$

$$|\overrightarrow{AB}|=\sqrt{a^2+|\overrightarrow{CB}|^2}$$

$$\angle CAB=\arctan\frac{|\overrightarrow{CB}|}{|\overrightarrow{AC}|}$$

$$\angle\Delta=\angle MAB=\pi-\gamma-\angle CAB \tag{7-7}$$

因此点 B 的坐标为（$AB\cos\angle\Delta$，$AB\sin\angle\Delta$，AO），则纤维剪切角 θ_f 可由式(7-5) 及式(7-7) 计算获得。

以本书使用的螺旋角为 30°的新型刀具扩孔切削刃底部及中部为例进行计算，扩孔切削刃底部偏转角度约为 30°，中部偏转角度约为 15°。对普通立铣刀切削刃、15°倾角以及 30°倾角的切削刃转动一周内与参与切削的纤维所形成的纤维剪切角进行统计，其分布比例如图 7-6 所示。

研究表明 CFRP 材料切削过程中，纤维剪切角对加工表面的质量存在重要的影响，当纤维剪切角接近 45°或 135°时容易出现毛刺以及凹坑。由图 7-6 可以发现，在使用螺旋角为 30°的传统立铣刀对 CFRP 材料进行切削时，刀具转动一周有超过 30.4%的纤维剪切过程发生在 30°～60°之间，有超过 30.4%的纤维剪切过程发生在 120°～150°之间。增加了切削刃倾角后的刀具有效地改变切削过程中纤维剪切角的分布状态，有效地降低了引起表面质量下降——纤维剪切角为 45°及 135°附近的纤维剪切分布比例，使更多的纤维剪切过程发生在高表面质量的角度范围。图 7-7 呈现了在使用相同切削参数时新型刀具与传统立铣刀所加工的孔壁质量。

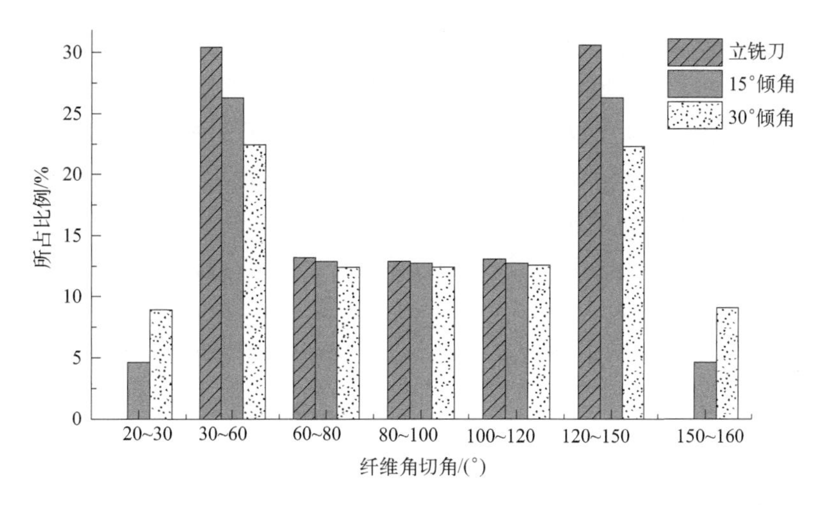

图 7-6　不同刀具纤维剪切角分布比例

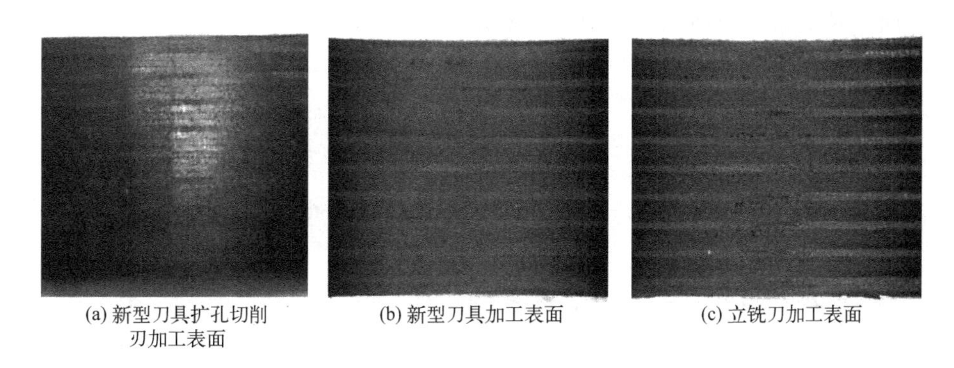

图 7-7　新型刀具及传统立铣刀的孔壁加工质量

图 7-7(a) 为加工未完成时由扩孔切削刃所形成的孔壁，孔壁质量良好，未出现可见的微坑及毛刺等损伤。由于新型刀具在完成扩孔加工后刀具的侧刃还会对孔壁进行最后的修整，以保证其尺寸符合要求，图 7-7(b) 为新型刀具由侧刃修整后最终形成的孔壁，图 7-7(c) 为立铣刀所加工的孔壁。可见在经过侧刃最终修整后，新型刀具加工所形成的侧壁上出现了少量可见的微坑，但由于侧刃在完成最后的切削过程中受到材料去除量极小，加工温度较低等因素的影响，新型刀具的加工效果仍明显优于传统立铣刀。

7.2　刀具加工性能对比

在对难加工材料进行切削时由于刀具寿命不足所造成的频繁换刀、对刀，严重影响了加工质量及加工效率，而由于刀具磨损所引起的切削力增加更是对加工质量产生了严重的影响。因此刀具寿命也是实际生产中需要考虑的重要因素之一。对于CFRP工件的加工，刀具磨损所造成切削力增加大大提高了撕裂分层损伤发生的概率，对加工效率及加工成本造成了严重的影响。本书对传统立铣刀及CFRP低损伤螺旋制孔新型刀具磨损过程中的轴向力、切削刃磨损量、孔径变化量及出口质量进行了对比。

实验中两种刀具均由无涂层的K20型硬质合金磨制而成，除刀具外形不同外，切削刃的前角、后角、刃口半径、刀具的螺旋角均相同。实验中以偏心距1mm、螺距1mm、切向进给量0.016mm/t、轴向进给量0.0025mm/t、刀具转速1500r/min对厚5mm的多向CFRP工件进行制孔加工。两种刀具均加工160个孔，由于传统立铣刀加工160个孔后，刀具底刃后刀面的磨损量达到了（GB/T 16460—2016）中刀具磨钝标准0.3mm，每加工10个孔对切削力及刀具底刃和侧刃的后刀面磨损量进行一次测量。传统立铣刀及新型刀具磨损过程中最大加工轴向力及底刃后刀面磨损量如图7-8所示。

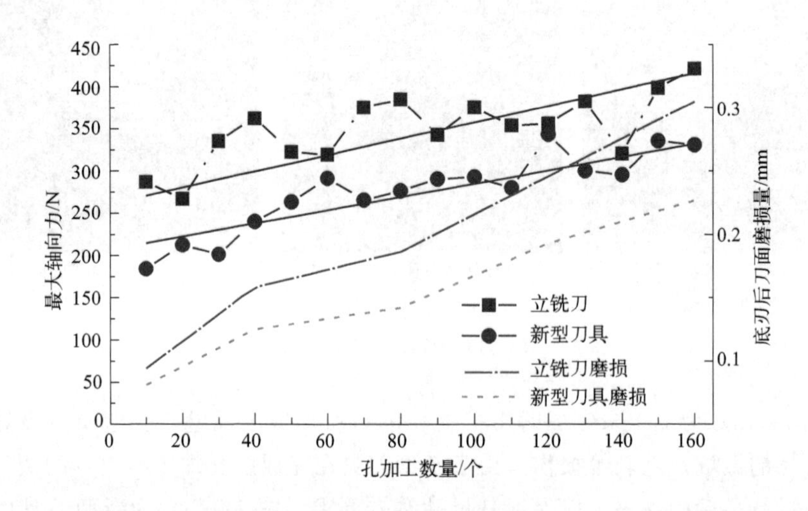

图 7-8 立铣刀及新型刀具磨损过程中的最大加工轴向力及底刃后刀面磨损量

由于刀具接触工件时产生的最大轴向力对刀具底刃磨损程度敏感且易于提取，而刀具对底层材料加工时轴向力的变化过程较为复杂，且作用时间短，难以提取刀具穿过工件底层瞬间的轴向力数值，因此选取加工中最大轴向力表征刀具底刃磨损对轴向力的影响。实验过程中，工件两侧搭接在一个“凹”字形的夹具上，中部悬空。工件在轴向力的影响下会发生弯曲，从而对加工轴向力的大小产生影响。在考虑了孔加工位置对轴向力的影响后对刀具磨损过程的轴向力进行了拟合。研究发现随着孔加工数量的增加，两种刀具所产生的最大轴向力均存在增大的趋势，但新型刀具加工产生的轴向力始终小于传统立铣刀20%以上。

通过光学显微镜对刀具的磨损状况进行了观察，图7-8中展示了两种加工刀具在加工第 10、第 40、第 80、第 120、第 160 个孔后刀具底刃后刀面的磨损情况。观察得知随着孔加工数量的增加，刀具底刃的后刀面磨损量逐渐增加。在实验开始前两把刀具底刃后刀面的磨损量均为 0mm；在加工第 10 个孔后立铣刀的磨损量达到 0.094mm，新型刀具的磨损量为 0.081mm；在加工第 80 个孔后立铣刀底刃后刀面的磨损量达到 0.186mm，而新型刀具的磨损量为 0.141mm；在加工第 160 个孔后，立铣刀的磨损量达到 0.305mm，已经达到刀具磨钝的标准，而新型刀具底刃的磨损量仅为 0.227mm。

表 7-2 中记录了新型刀具扩孔切削刃及立铣刀侧刃磨损前后对比。

表 7-2　新型刀具扩孔切削刃及立铣刀侧刃磨损前后对比

刀具种类	未使用	磨损后 （刀尖处）	磨损后 （侧刃下部）
新型刀具		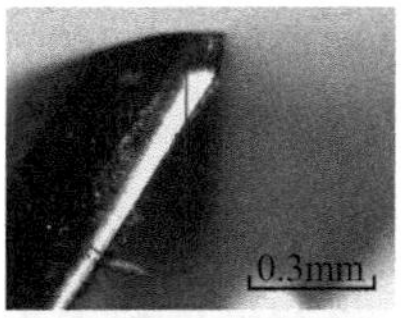 0.3mm	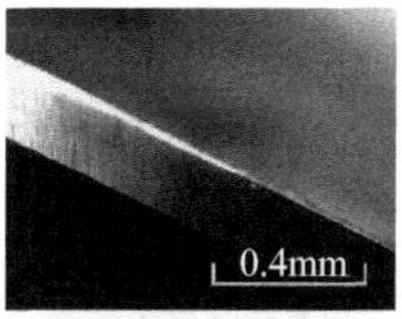 0.4mm
立铣刀		 0.3mm	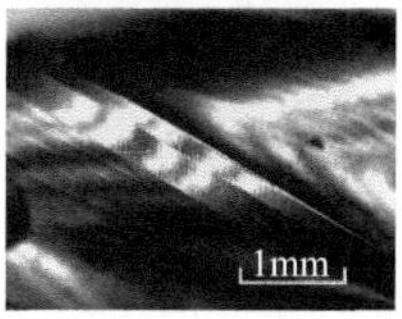 1mm

通过传统立铣刀侧刃的磨损情况可以发现，磨损主要集中在靠近刀具底刃的很小一部分，侧刃靠近刀尖处最大磨损量为 0.07mm。随着高度的增加侧刃的磨损量逐渐减小，在距刀尖 0.6mm 处侧刃后刀面的磨损量仅为 0.02mm，在距刀尖 1 个螺距的位置处已无法测量侧刃后刀面的磨损量，由此可见大部分刀具侧刃并未参与切削，未得到充分利用。通过对新型刀具磨损的观察可以发现，刀具扩孔切削刃的全部以及侧刃靠近扩孔切削刃的部分参与了切削并发生了磨损，在靠近刀尖处扩孔切削刃最大磨损量为 0.09mm，在距刀尖 0.6mm 处扩孔切削刃后刀面的磨损量为 0.04mm，靠近扩孔切削刃的侧刃后刀面的磨损量为 0.02mm。这是由于新型刀具螺旋制孔过程中扩孔切削刃代替了部分刀具底刃对材料进行了去除，减小了刀具底刃与工件的接触面积，提高了通过铣削去除的材料比例。

图 7-9 记录了两种刀具孔的加工数量对所加工孔径造成的影响。

随着加工数量增加，两种刀具所加工孔的直径均逐渐减小，但加工相同数量的孔时，传统立铣刀所造成的孔径变化量略大于新型刀具。从保证尺寸精度的角度出发，新型刀具相比于传统立铣刀具有更长的有效寿命。

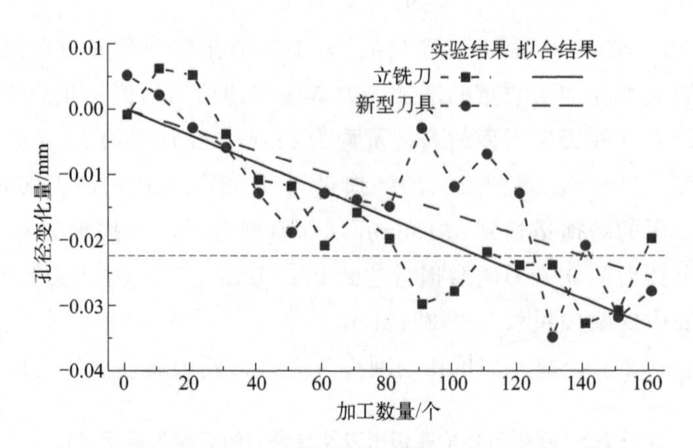

图 7-9 立铣刀及新型刀具加工数量对孔径的影响

表 7-3 记录了新型刀具及立铣刀孔出口加工质量。

CFRP 低损伤螺旋制孔刀具所加工的前 40 个孔的出口均未发生加工损伤，随着加工数量的增加，出口处出现了毛刺以及撕裂等损伤，但损伤面积较小。传统立铣刀在加工第一个孔时出口处就存在毛刺以及撕裂等加工损伤，而随着加工数量的增加，加工质量进一步恶化，当加工 160 个孔后出口处的分层系数已达到 1.41，出口处存在大量的毛刺撕裂等加工损伤。通过观察可以发现随着加工数量的增加及刀具的磨损，两种刀具的加工质量均发生恶化。然而，新型刀具一直表现出了良好的加工效果，即使在加工 160 个孔后刀具底刃发生中度磨损后也并未对加工质量产生严重影响。可见与传统立铣刀相比，使用新型刀具可以有效地提高孔出口的加工质量，大幅度减少出口处的加工损伤。

表 7-3 新型刀具及立铣刀的孔出口加工质量

刀具种类	加工数量				
	第 1 个	第 40 个	第 80 个	第 120 个	第 160 个
CFRP 低损伤螺旋制孔刀具					
F_d	1	1	1.13	1.15	1.14
立铣刀					
F_d	1.11	1.32	1.23	1.38	1.41

7.3 CFRP螺旋制孔高效抑损加工策略研究

生产加工过程中，在保证加工质量的前提下，加工效率是选择加工刀具的关键影响因素。虽然CFRP低损伤螺旋制孔新型刀具可以有效地减小加工中的轴向力、加工温度，提高加工质量，但由于刀具底刃突破工件最底层材料后扩孔切削刃对出口处进行进一步的加工会消耗大量的时间，降低了新型刀具的整体加工效率，导致有大量制孔需求的CFRP构件生产周期大幅度延长。为了更好地兼顾加工效率及加工质量，本书结合新型刀具的加工特点制定了CFRP螺旋制孔高效抑损加工策略，通过合理地分配进给速度在保证加工质量的同时获得更高的平均加工效率。

7.3.1 CFRP螺旋制孔高效抑损加工原理及控制策略

7.3.1.1 加工损伤抑制原理

与传统立铣刀相比新型刀具可以在更大的进给速度下获得无损伤的出入口，虽然通过提高刀具进给速度可以弥补新型刀具加工效率不足的缺陷，但是在本书7.1.1的研究中已经发现当进给速度超过某一数值后，新型刀具加工的出入口也会出现分层损伤，因此单纯地提高进给速度是无法实现高质高效的CFRP螺旋制孔加工。

CFRP螺旋制孔加工损伤主要包括入口处的剥离分层、出口及工件内部的挤推分层以及出入口处的毛刺。出入口处的毛刺对工件的整体强度不构成影响，且在CFRP低损伤螺旋制孔刀具加工过程中扩孔切削刃对出入口处的毛刺具有去除的效果，所以不需要针对毛刺采取特殊的应对策略。

CFRP低损伤螺旋制孔刀具与传统立铣刀所加工出口的形成过程相似，被刀具底刃推挤出工件底层的材料面积会对出口质量产生影响。

表7-4列举了以主轴转速2000r/min、偏心距1mm、螺距1mm、螺旋线轨迹升角9.05°，CFRP低损伤螺旋制孔刀具不同进给速度下的出口质量。随着进给速度的增加，出口形成的初始阶段被推挤出工件底层的材料尺寸逐渐增加，当扩孔阶段扩孔切削刃不能将损伤区域的材料完全去除时，最终形成的出口处出现了分层损伤。减小发生退让材料的面积是减少出口挤推分层的关键，因此在底层材料发生退让的过程中使用较小的进给速度有利于减小被推挤出工件底层的材料尺寸，提高最终出口的加工质量。

表 7-4　CFRP 低损伤螺旋制孔刀具不同进给速度下的出口质量

出口状态	进给速度/(mm/t)		
	0.048	0.064	0.08
出口最初状态	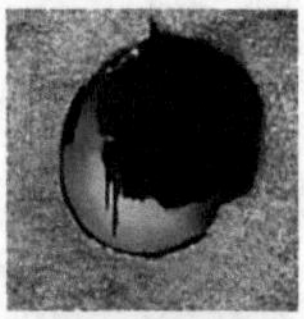		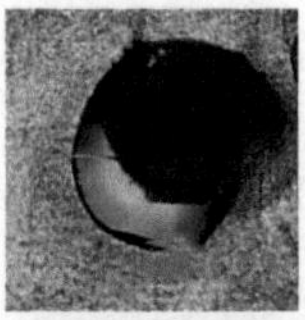
最终出口状态	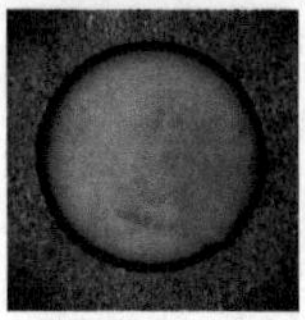	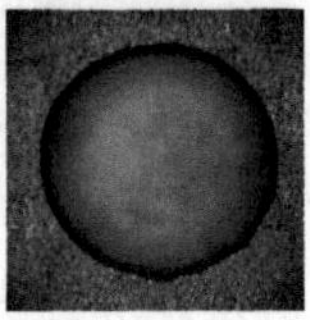	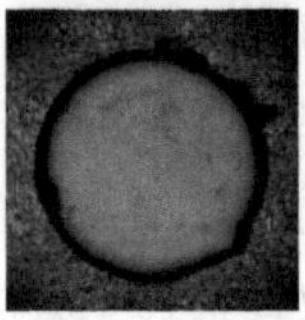

临界轴向力为孔加工时恰好引发层叠复合材料分层的轴向力阈值，当轴向力小于该阈值时就可以避免分层损伤的发生。Ho-cheng 和 Dharan[17] 首先建立了钻削临界轴向力模型，根据断裂力学以及能量守恒原理认为轴向力在极短时间内所做的功等于材料变形所产生的应变能以及材料分层所释放的能量的和，可以表示为：

$$G_{IC}\mathrm{d}A = F_A\mathrm{d}X - \mathrm{d}U \tag{7-8}$$

式中　A——增加的裂纹面积，mm^2；

X——刀具向下运动的距离，mm^2；

F_A——临界轴向力，N。

Ho-cheng 和 Dharan 再根据板壳理论对钻削 CFRP 出口处的分层进行力分析，建立了临界轴向力的计算模型，其表达式为：

$$F_A = \pi\left[\frac{8G_{IC}Eh^3}{3(1-\nu^2)}\right]^{\frac{1}{2}} \tag{7-9}$$

式中　h——工件的剩余厚度，mm；

ν——工件的泊松比。

Jain 和 Yang[170]，Tsao 和 Chen[19] 等在考虑工件材料各向异性、纤维铺覆角度影响后对 Dharan 模型进行了改进。以上研究中均将钻头产生的轴向力抽象为一个集中作用于中心点的集中载荷。Tsao[22,27,28,171] 在其研究的基础上建立了各种外形钻头的临界轴向力模型，并建立了考虑预制孔、钻头偏心、底部支撑以及刀具发生磨损后的临界轴向力模型。现有的关于临界轴向力的研究绝大多数是以钻削为研究对象。

Sadek[172] 以 Ho-Cheng 的研究为基础根据螺旋铣削的加工特点建立螺旋铣

削的临界轴向力模型

$$2\pi a G_{IC} = F_{AOD}^2 \left(\sum_{i=1}^{i=m} K_{x,i} - \sum_{i=1}^{i=m} K_{u,i} \right) \tag{7-10}$$

式中　a——孔的半径，mm；

F_{AOD}——螺旋铣削临界轴向力；

m——载荷分布的数量；

$K_{x,i}$，$K_{u,i}$——各点在载荷作用下的挠度和储存的应变能，J。

对于半径为 a、抗弯强度为 M 的圆板，在距中心距离为 e 的偏心载荷作用下其挠度和存储的应变能可以表示为：

$$K_{x,i} = \frac{e}{8\pi M} f\left(\frac{e}{a}\right) \tag{7-11}$$

$$K_{u,i} = \frac{e}{16\pi M} g\left(\frac{e}{a}\right) \tag{7-12}$$

式中　e——偏心载荷距中心距离，mm；

M——抗弯刚度。

最终螺旋铣削的临界轴向力可表示为：

$$F_{A,OD} = \sqrt{\frac{2\pi a \leqslant G_{IC}}{\left(\sum_{i=1}^{i=m} K_{x,i} \sum_{i=1}^{i=m} K_{u,i} \right)}} \tag{7-13}$$

Sadek 利用有限元模型对螺旋铣削临界轴向力进行了求解，其结果表明螺旋铣削的临界轴向力约为钻削的 1.6 倍。本书以 Sadek 的螺旋铣削临界轴向力模型结果作为引发工件内部分层损伤的判定标准，通过自适应控制的方式减小工件内部挤推分层发生的可能。

使用传统立铣刀进行 CFRP 螺旋铣孔，当检测到加工轴向力大于临界轴向力时，工件内部已经产生了加工损伤，由于使用传统立铣刀进行螺旋铣削时没有加工损伤的去除过程，产生的加工损伤会存留在工件侧壁或上下表面。因此对 CFRP 制孔过程进行在线监测对提高加工质量没有实质性的帮助。而新型刀具呈现出先铣削再多次扩孔的加工过程，损伤去除过程为 CFRP 螺旋制孔加工提供一定的容错能力，使加工损伤的补救成为可能。

为了在保证加工质量的同时提高加工效率，本书利用了基于自适应控制的刀具进给速度控制方法，以临界轴向力作为加工过程进给速度的限制条件。该系统中以临界轴向力模型输出作为加工系统输出切削力的临界值，当实际输出大于模型输出时，通过自适应控制系统完成决策并调整进给倍率，降低加工轴向力避免损伤的扩大。在后续的加工中由扩孔切削刃对产生的小范围损伤进行去除，最终实现高质高效加工。自适应控制过程基本结构如图 7-10 所示。

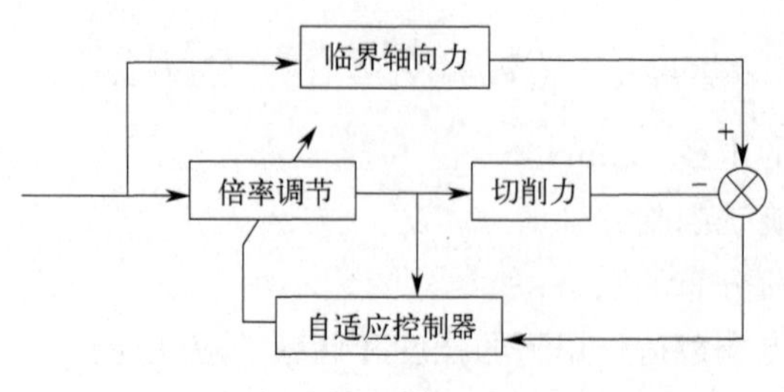

图 7-10 自适应控制过程基本结构

7.3.1.2 以加工深度位置为导向的进给速度分段控制策略

在本书之前的研究中已经发现，在对 CFRP 进行螺旋铣削时切削参数的选择直接影响加工过程中作用在层叠材料上的轴向力，而轴向力的大小是能否引发分层损伤的一个关键因素。如何在加工过程中提高加工效率并有效减小加工损伤的产生是 CFRP 螺旋制孔高效抑损加工策略研究的主要内容。

在对低损伤加工刀具切削力模型的研究中发现，其轴向力由刀具底刃、扩孔切削刃以及刀具侧刃三部分产生的轴向力组成，且每一部分切削刃所产生的轴向力具有不同的特点。在对铣削力系数进行标定的过程中发现，只有刀具底刃产生的轴向力与刀具的轴向进给方向相同，刀具侧刃产生的轴向力受螺旋角的影响始终与刀具的轴向进给方向相反，而扩孔切削刃所产生的轴向力方向受到每齿进给量的影响，当切削中每齿进给量低于某一数值时，扩孔切削刃产生的轴向力与刀具轴向进给方向相同，而当每齿进给量超过该数值时，扩孔切削刃产生的轴向力与刀具轴向进给方向相反。应用新型刀具加工时不同加工阶段参与切削的切削刃组合有所不同。CFRP 工件的强度与材料剩余厚度相关，因此本研究根据材料的剩余厚度对刀具的进给速度进行调整。在加工过程中根据工件的剩余厚度实时对机床的进给倍率进行调整，但这对机床通信的带宽、各轴的响应时间以及机床进给倍率调整方式要求较高。因此根据新型刀具的加工特点将加工过程分为三个进程，每个进程使用不同的进给速度控制策略。

(1) 效率提升进程

该进程为刀具底刃接触工件顶层材料至刀具底刃接近工件底层材料的过程。这一进程中材料的剩余厚度较大，对轴向力的承受能力较好不易发生分层损伤，因此在该进程中刀具可以在不影响入口加工质量的前提下使用较大的进给倍率，同时由自适应控制系统根据加工深度对临界轴向力进行计算，并实时地与轴向力进行比较判断，防止工件内部出现分层损伤。

(2) 出口加工进程

该进程为刀具底刃靠近工件底层材料到刀具底刃突破底层材料的过程。随着刀具下方剩余材料厚度的不断减小，工件所能承受的轴向力阈值也在不断降低，为了避免在这一进程产生损伤，刀具应以一个较小的进给速度进行加工。在实际加工中随着加工深度的增加，出口处材料在轴向力的作用下发生退让，致使刀具位置与实际工件的剩余厚度不相符，频繁地出现轴向力大于临界轴向力的现象，自适应控制系统会将机床进给倍率调节的过小而导致该进程的加工时间大大延长。为了避免出口加工进程对整体加工效率造成影响，该过程中停止自适应控制系统对进给倍率的控制，采用固定的进给倍率进行加工。

(3) 损伤去除进程

该进程为刀具底刃突破底层材料后直至加工完成的过程。该进程中刀具的底刃穿过工件后不再产生轴向力，刀具的扩孔切削刃对出口处材料进行扩孔加工，工件受到的轴向力主要由扩孔切削刃产生的轴向力决定，因此这一进程中应进一步提高刀具的进给速度，使扩孔切削刃产生的轴向力与进给方向相反，从原理上避免损伤的生成及扩展，从而在保证出口处加工质量的同时提高加工效率。因此在该进程中无需自适应控制系统对进给倍率进行控制。

7.3.2 CFRP 螺旋制孔高效抑损加工策略有效性验证

7.3.2.1 CFRP 螺旋制孔高效抑损加工装置介绍

实现 CFRP 螺旋制孔高效抑损加工的装置包含螺旋铣削执行机构、特征信号采集装置、信号处理及控制系统三部分。生产中可根据实际情况在数控机床和螺旋铣削执行器之间进行选择，而实际生产加工中受到工件尺寸的限制，往往无法使用测力仪对工件受到的切削力进行直接测量，因此可以使用旋转测力刀柄[173]，或通过主轴功率信号对加工状态进行辨识。本书根据现有实验条件选用 VM7032 型数控铣床作为执行机构，使用 Kistler9257B 型六分量测力仪以及 5070A 型电荷放大器进行切削力的采集，由于需要对切削力信号进行进一步的处理，与测力仪配套使用的信号采集卡及分析软件无法满足需求，因此使用研华 PCI1716 采集卡并利用 LabVIEW 软件搭建了高效抑损控制系统。

CFRP 螺旋制孔高效抑损加工设备如图 7-11 所示。

7.3.2.2 CFRP 螺旋制孔高效抑损加工的关键技术实现

CFRP 螺旋制孔高效抑损加工总体方案如图 7-12 所示。

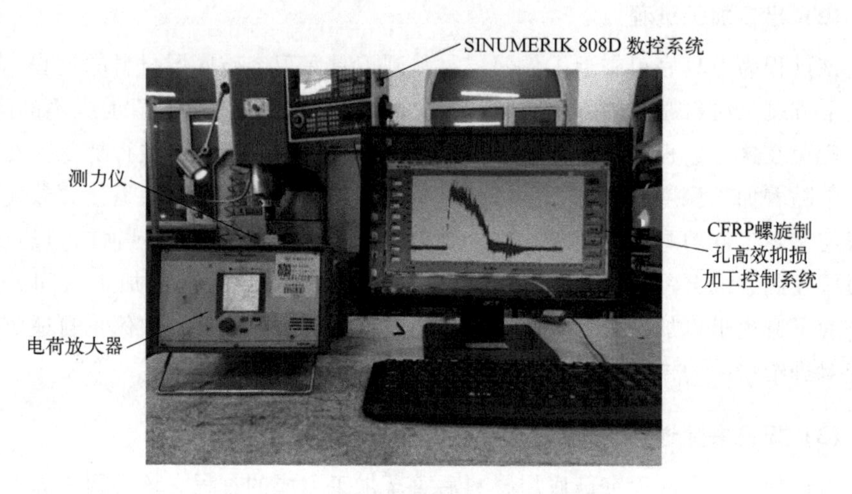

图 7-11　CFRP 螺旋制孔高效抑损加工设备

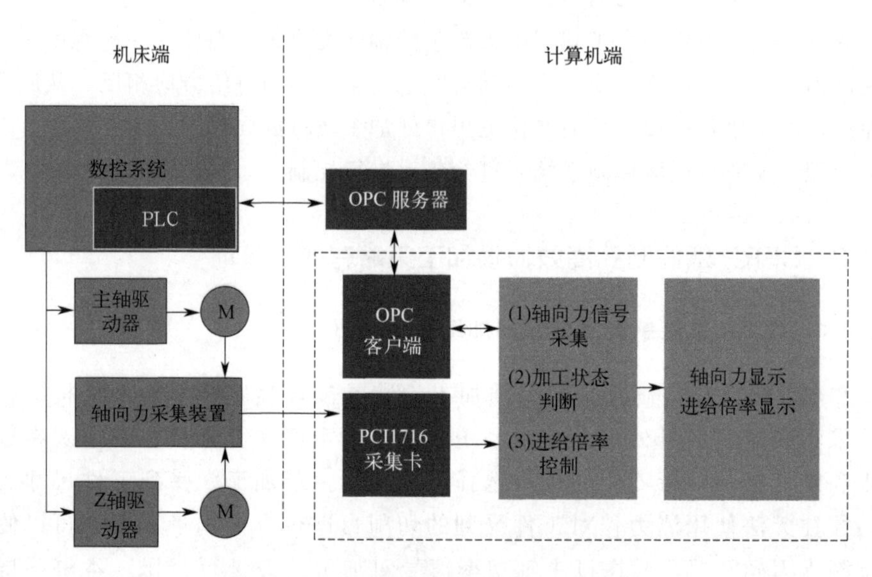

图 7-12　CFRP 螺旋制孔高效抑损加工总体方案

由图 7-12 可知，完成 CFRP 螺旋制孔高效抑损加工需要实现以下功能：①执行机构与控制系统之间的数据交换；②采集轴向力信号并传输至控制系统中；③控制系统根据轴向力及位置信息向机床发送进给倍率控制信号。各功能实现过程如下。

(1) 计算机与机床间数据通信

Siemens 公司生产的 SINUMERIK808D 数控系统属于经济型数控系统，与其他高端数控系统（如 840d）相比其附加功能较少，无法直接对机床内所需信息（DB块）进行读取及写入。本书通过改写可编程逻辑控制器（programmable logic controller，PLC）程序将需要读写的数据移位至未被占用的寄存器（MB）中，实现机床PLC向计算机发送数据及外部数据写入PLC。

不同厂家生产的PLC在读取过程中存在些许差异，大部分PLC可用组态软件对其内部数据进行读取，而Siemens公司生产的PLC必须使用Siemens公司特定的软件进行读取。为保证最大适用性，本研究采用OPC技术作为数据在机床PLC与控制系统之间传输的桥梁。OPC全称是Object Linking and Embedding for Process Control，是由微软公司提出，多家公司共同参与制定的一种用于连接和嵌入对象控制的行业标准，它的出现为基于Windows的应用程序和现场过程控制建立的桥梁。在控制领域，系统通常由分散的子系统组成，每个子系统通常使用不同的设备制造商和解决方案。用户需要将这些子系统构建成一个统一的实时监控系统。这样的系统需要解决子系统之间的数据共享，每个子系统都需要相应的控制指令。OPC的提出是为了规范不同厂商的设备和应用之间的软件接口，简化它们之间的数据交换，为用户提供可以自由组合和使用的过程控制软件组件，而不依赖于特定的开发语言和开发环境[174]。

OPC技术在应用过程中由OPC服务器及OPC客户端两部分构成，且这两部分不受生产厂家的限制。下位机将采集的数据传输至OPC服务器中进行打包并发送至OPC客户端，打包过的数据在OPC客户端中进行拆解再上传至上位机中，上位机也可通过相反的过程向下位机发送数据或指令。服务器及客户端可在同一电脑中，或同一局域网的不同主机中进行数据传输。大部分组态软件也集成了OPC服务器功能，Siemens公司发布的用于PLC编程软件如STEP7、WinCC、Samtic net都集成了OPC通信功能。

本书通过Ethernet接口将机床数控系统与计算机相连接，利用Samtic net软件建立OPC服务器，将机床PLC中需要读写的信息进行传输。通过在LabVIEW中安装相应的数据记录及监控模块，就可以在编写的控制软件中集成OPC客户端功能，实现与OPC服务器之间的数据交换。通过使用OPC技术提高了高效抑损加工控制系统的适用性，使其具备对不同加工设备进行控制的能力。

（2）切削力采集

切削力作为切削加工中表征切削状态的重要特征，在CFRP孔加工中切削力还直接关系到加工损伤的产生与否。本书选取与CFRP孔加工质量关系最为密切的轴向力作为螺旋制孔加工状态的判断依据。①加工中的轴向力与加工损伤的产生关系最为密切；②螺旋制孔中轴向力对刀具的加工状态变化反应最为敏感；③由于测量过程中采用较高的采样率，同时对多个切削力进行采集会占用处理器大量的处理能力，影响高效抑损加工控制系统的响应速度，因此在满足控制过程需要的前提下只对加工中的轴向力进行采集。

通过在 LabVIEW 中安装与采集卡相对应的驱动程序就可以对由电荷放大器发送至采集卡中的电压信号进行读取。通过提取与轴向力相关的 4 个通道中的数据，并进行计算就可以获得轴向力数值。

(3) 进给倍率控制过程

实现高效抑损加工前首先需要对工件的厚度以及每个调整位置深度进行设定。在开始加工后，机床信息以及轴向力信号实时传送至控制系统中，由控制系统对力信号进行分析，识别出刀具触碰工件顶层的时刻，并开始将 Z 轴运动的距离与设定的深度位置进行比对。当加工处于第一加工进程时，系统向机床发送预先设置的进给倍率，并实时地将轴向力与临界轴向力进行对比。当轴向力大于临界轴向力时，系统根据差值向机床发送调整进给倍率的信号。当加工处于第二、第三加工进程时，系统向机床发送预先设定的对应进给倍率。系统识别到加工完成后向机床发出信号，将机床的进给倍率调节至初始值 100%。

CFRP 螺旋制孔高效抑损加工控制过程流程如图 7-13 所示。

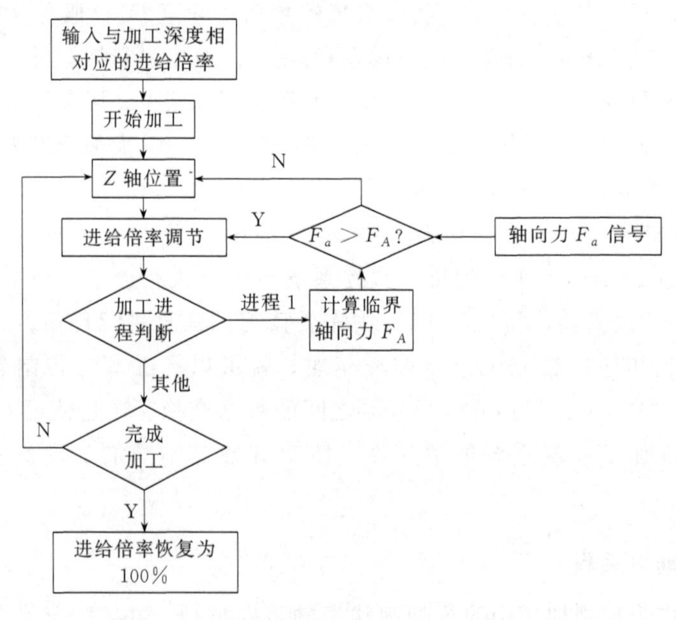

图 7-13　CFRP 螺旋制孔高效抑损加工控制过程流程图

7.3.2.3　CFRP 螺旋制孔高效抑损加工实验验证

为评估 CFRP 螺旋制孔高效抑损加工策略的有效性，本书进行了相关验证实验。实验中使用厚度为 5mm 的 CFRP 试件，以主轴转速 2000r/min、偏心距 1mm、螺距 1mm、螺旋线轨迹升角 9.05°、进给速度 0.048mm/t，使用直径 8mm 的 CFRP 低损伤螺旋制孔新型刀具分别以进给倍率 100%、200%进行两组螺旋制孔加工实验，再进行两组参数设定不同的螺旋制孔高效抑损加工实验。在螺旋制孔加工实验结果的观察中发现，在工件剩余厚度为 0.5mm 时，工件最底层材料发生变形产生退让，轴向力开始快速下降，在刀具加工深度为 5.5mm 时，轴向力下降至零附近，则此时刀具底刃在退让材料的边缘已切割出月牙形缺口。因此以底层材料上方 0.5mm 处为第一加工进程与第二加工进程的分界，底层材料下方 0.5mm 处为第二加工进程与第三加工进程的分界。

实验中刀具的轴向运动可分为 0～4.5mm、4.5～5.5mm、5.5mm 3 个部分至加工结束。由于工件厚度较大，可将第一加工进程分为 0～3mm、3～4.5mm 两部分，并对第一进程的进给倍率进一步划分。2 次高效抑损加工实验中对应深度位置的进给倍率分别设置为 200%、100%、50%、300%以及 200%、150%、100%、300%。高效抑损加工实验中 4 组进给倍率调整策略所对应的轴向力及加工时间如图 7-14 所示。

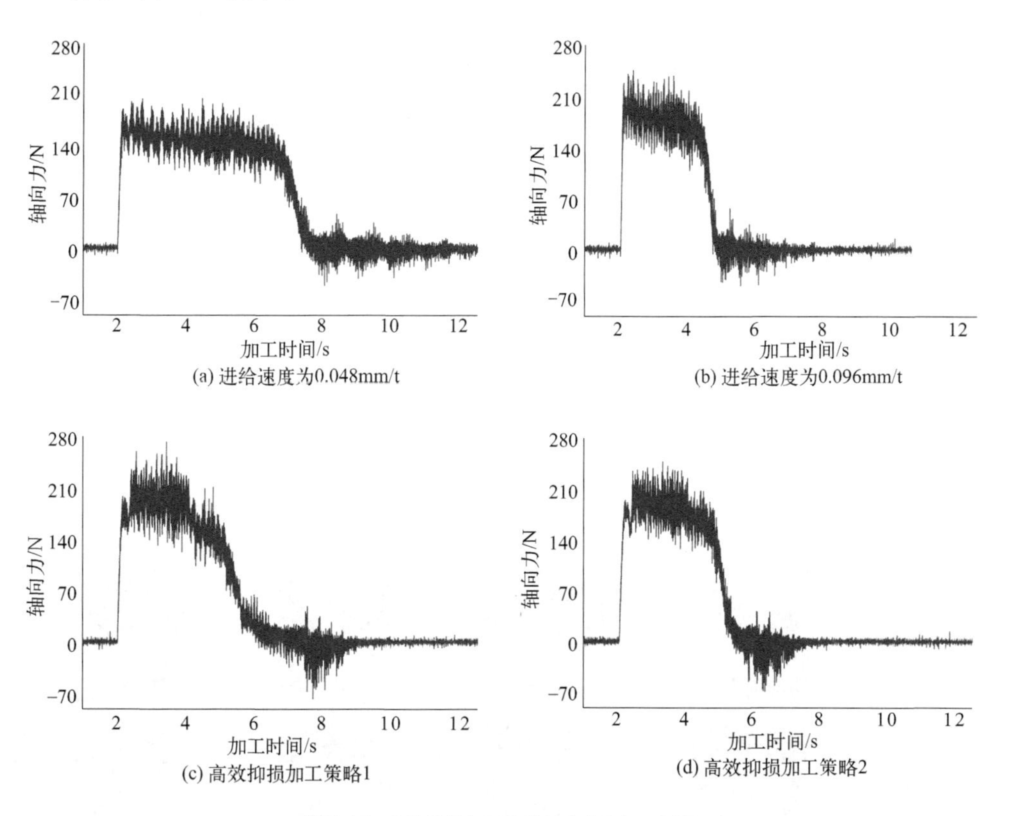

图 7-14 高效抑损加工实验轴向力及加工时间

图 7-14(a)、(b) 中曲线分别为 100%、200%进给倍率下的螺旋制孔加工轴向力，可以发现随着进给速度的增加，稳定加工阶段的轴向力有所增加，同时加工效率得到了明显提升。由图 7-14(c)、(d) 中曲线可以发现，高效抑损加工策略对加工效率的提升也有着明显作用，在使用第一组倍率组合后加工时间明显缩短，使用第二组倍率组合获得了与 200%进给倍率相同的加工效率。

采用高效抑损加工策略后各段加工深度、加工时长及对应的进给倍率如图 7-15 所示。

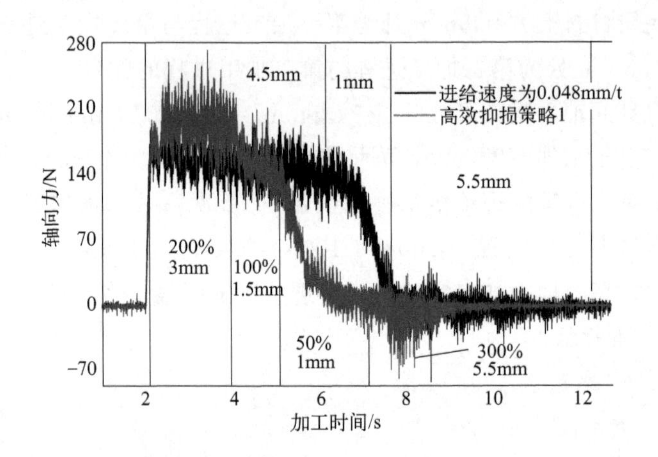

图 7-15 采用高效抑损加工策略后各进程的加工时长及对应倍率

由图 7-15 可以观察到，高效抑损加工策略通过提高加工初期——材料剩余厚度较大时的进给倍率，缩短初期加工时间。再通过提高出口扩孔过程——负向轴向力加工时的进给倍率，缩短后期加工时间。适当调整出口加工时的进给倍率以保证出口质量，达到在保证加工质量的同时缩短加工时间提高效率的目的。表 7-5 为实验对应的出入口加工质量。

表 7-5 CFRP 螺旋制孔高效抑损加工实验出入口质量

拍摄位置	应用新型刀具螺旋制孔加工进给速度/(mm/t)		螺旋制孔高效抑损加工进给速度/(mm/t)	
	0.048	0.096	0.074	0.096
入口	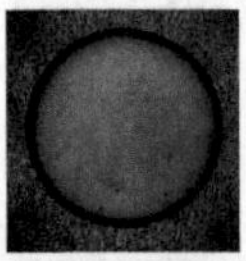	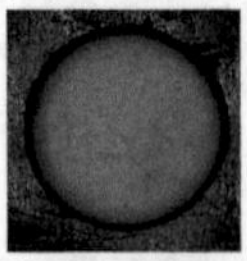		
出口	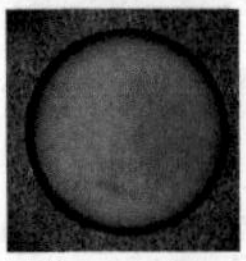	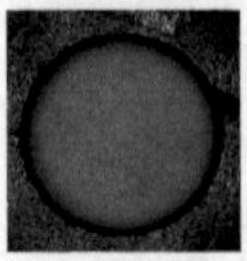	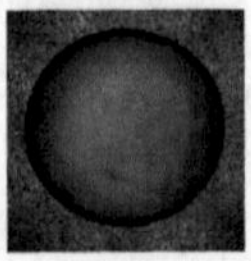	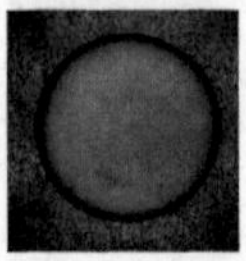

通过对表 7-5 的观察可以发现，在使用新型刀具后以进给速度 0.048mm/t 进行螺旋制孔加工时出入口加工质量良好，当进给倍率增加后以进给速度 0.096mm/t 进行螺旋制孔加工时入口及出口处均出现了分层损伤。在使用螺旋制孔高效抑损加工策略后在获得较高的平均进给速度的同时获得了良好的出口及入口质量，因此采用螺旋制孔高效抑损加工策略可以在保证加工质量的前提下获得更高的加工效率。

第8章 结论及展望

8.1 主要结论

碳纤维增强树脂基复合材料是以碳纤维为增强相，树脂为基体的增强材料，是当前应用最为广泛的先进复合材料。碳纤维是一种由含有90%以上碳元素的高分子纤维在一定条件下进行热解制得的纤维。碳纤维具有轻质高强、耐腐蚀、热膨胀系数小等诸多优点，使其成为复合材料中理想的增强体。树脂作为黏合剂将碳纤维黏合在一起，在实现纤维间有效力传递的同时保护纤维不受环境影响，具有高比模量、高比强度、耐腐蚀、抗疲劳等优良特性，被广泛应用于航空航天及军工领域，其应用比例已成为评价航空航天飞行器等产品先进性的重要标志之一。

CFRP构建主要用于结构件及蒙皮的制作，需要通过大量的铆接和螺栓连接，因此CFRP构建的制造过程中会涉及大量的孔加工需求。由于CFRP为非均质的强各向异性材料，其切削机理与传统均值金属存在较大差异，在孔加工过程中，极易金属材料加工中未曾出现过的毛刺、分层、撕裂等严重的加工损伤，除了对表面质量产生严重影响外，还会造成构件强度的减退，并留下不易察觉的安全隐患，对构件的可靠性耐用性造成影响，严重制约着CFRP构件的广泛应用。同时，由于碳纤维的硬度与高速钢相近，切削加工中刀具磨损较为严重，致使加工效率低，加工质量差。因此CFRP高质高效的孔加工技术是国际公认的难题。

钻削是最主要的CFRP制孔技术，钻削工艺具有较高的加工效率，对于加工需求量极大的CFRP构件来说，是至关重要的。同时钻削工艺的适用范围广，可以应用于各种形状和大小的CFRP构件加工。但受到CFRP材料结构特性的影响，在钻削过程中极易受到由横刃产生巨大轴向力的影响而发生严重的分层损伤，对构件的强度造成影响，在加工直径较大的孔时该现象会更加明显。学者们针对该问题做了大量的研究，但仍然无法有效解决。因此急需一种加工工艺来提高 CFRP 孔的加工质量。当前的特种加工工艺如激光加工、电火花加工、超声震动辅助加工及高压水射流加工等工艺都无法很好地满足 CFRP 孔的加工需求。

螺旋铣削是近些年应用于 CFRP 制孔的新方法，相对于钻削加工表现出了加工精度高、质量好、成本低等诸多优势。本书围绕 CFRP 螺旋铣削制孔技术，从螺旋铣削加工特性出发，研究了螺旋铣削切削力特性、切削温度场特性。通过加工实验探究了切削参数、刀具尺寸、铣钻比对加工轴向力及加工温度的影响。基于螺旋铣削切削力、切削热及出口形成过程的特点研制了可有效减小 CFRP 制孔加工损伤的 CFRP 低损伤螺旋制孔新型刀具，该刀具有效地减小了加工过程中的轴向力及加工温度，提高了孔的加工质量，并进行了 CFRP 螺旋制孔高效抑损加工策略研究，进一步提高了该刀具的加工效率。归纳本书的研究工作，主要得到以下结论。

① 通过切削试验发现了 CFRP 螺旋铣削中除切削参数对轴向力存在影响外，刀具直径以及铣钻比的选择都会对轴向力、刀具磨损、出口质量产生重要影响。在加工相同尺寸的孔时，刀具的直径对加工轴向力、刀具底刃磨损速度的影响呈正相关性，侧刃磨损速度与刀具直径呈负相关性；受刀具侧刃磨损速度的影响，加工相同尺寸相同数量的孔时，使用小直径刀具会产生更大的孔径变化量；使用相同直径刀具加工不同尺寸的孔时轴向力变化不明显；铣钻比的选择对出口处的加工质量有明显影响，铣钻比越大，出口处刀具侧刃的产生的负向轴向力作用时间越长，作用效果越明显，出口质量越好。

② 通过对 CFRP 螺旋铣削中孔壁材料温度变化过程的分析，发现了孔壁材料温度升高受到工件内部热量累积和切削热直接作用共同影响。通过 CFRP 螺旋铣削加工试验，发现了刀具切向每齿进给量对加工中孔壁的温度影响最为显著；同一直径刀具的加工温度会受到铣钻比的影响，刀具铣钻比——切削温度曲线呈“勺子”形状，即采用较低或较高的铣钻比加工时切削温度较高，而采用接近 1 的铣钻比进行加工可以获得较低的加工温度。

③ 根据 CFRP 分层损伤的形成机理结合螺旋铣削的加工特性，研制了 CFRP 低损伤螺旋制孔刀具，实现了螺旋铣孔并多次扩孔的复合加工过程，有效地减小了铣孔过程的轴向力，在负向轴向力的作用下有效地提高了出口的加工质量。模型计算结果及实验结果均证实新型刀具在轴向力、切削温度、孔壁加工质量方面均优于传统立铣刀，实际加工效果也表明该刀具在相同切削参数下孔的出口、入口质量，以及刀具寿命均优于传统立铣刀。

④ 根据切削理论、刀具运动轨迹及热量扩散过程建立了适用于螺旋制孔加工柱坐标下的温度场预测模型，并利用有限差分法对模型求解，通过实验验证了模型的有效性，结果表明该模型可以快速有效地对 CFRP 螺旋制孔加工过程工

件内部的温度场进行预测。

⑤ 为了进一步提高 CFRP 低损伤螺旋制孔刀具的加工效率，制定了 CFRP 螺旋制孔高效抑损加工策略。根据新型刀具的加工特点利用 LabVIEW 搭建了以刀具位置为导向的高效抑损加工控制系统，通过对不同的加工进程分配不同进给倍率调整的方式，在保证加工质量的前提下实现了螺旋制孔高效抑损加工。

8.2 未来展望

本书围绕着 CFRP 的组成、成型方法及加工工艺进行了介绍，并对 CFRP 螺旋铣削加工工艺进行了深入的研究，探究了 CFRP 螺旋铣削过程中切削力、加工温度场特性，并研制了 CFRP 低损伤螺旋制孔新型刀具，实现了 CFRP 高质高效的孔加工，但是由于诸多因素的限制，采用的相关研究工作还不是很完善，后续还需要对以下方面进行进一步的研究工作。

① CFRP 成型过程中存在大量的人为因素干扰，成型后的零件内部存在大量的气泡、间隙等，因此加工过程中损伤的出现存在一定的不确定性，这使得通过加工深度判断分层损伤出现的准确性较低。碳纤维复合材料加工过程中无法使用切削液、压缩空气进行冷却，这使得切削过程中振动信号较纯净。后续应开展利用声发射信号等手段对 CFRP 加工中损伤的出现、刀具磨损状态监测的相关研究，从而进一步提高 CFRP 的加工质量。

② CFRP 材料的孔加工效率低下，通常需要花费大量时间和精力去进行加工，除了材料本身硬度大、刀具易磨损外，为减少加工损伤而降低加工效率也是一个主要原因。为了解决这个问题，开发更高效的加工方法和设备已变得势在必行，合理地运用新技术和新设备可以有效地提高生产效率，降低生产成本。

③ CFRP 材料加工过程中易产生粉尘及飞絮，这些有害物质不仅对工人的健康构成潜在威胁，对环境造成污染，还会造成加工设备的快速磨损、电气设备的短路等问题。为了解决这些问题，有必要研究环保型加工技术和设备，通过采用低污染、高效率的加工方法，可以有效减少 CFRP 材料加工过程中的有害物质产生，降低对环境的污染和对工人健康的危害。

④ 为了满足对 CFRP 构件的高性能需求，应不断加强质量控制和技术提升，提高 CFRP 孔加工的精度和稳定性。通过先进的孔加工技术和设备的研发，并加强生产过程中的质量监测和数据统计分析，提高孔的质量和稳定性，提升了 CFRP 构件的力学性能和使用寿命。

参考文献

[1] 林刚．国产碳纤维何以突围——2022 全球碳纤维复合材料市场报告[J]. 纺织科学研究，2023,(05): 16-35.

[2] 彭公秋，李国丽，石峰晖，等．国产聚丙烯腈基大丝束碳纤维发展现状与分析[J]. 高科技纤维与应用，2021，46 (06): 11-16.

[3] Toray Corp. 碳纤维性能数据. https://www. cf-composites. toray/cn/products/carbon_fiber/.

[4] Toray Corp. Cfrpの成形方法について概要や工程を詳しく解説. https://www. carbonmagic. com/cfrp/ molding. html.

[5] Toray Corp. Cfrpとは? 特徴や用途から成形方法の選び方まで詳しく解説. https://www. carbonmag-ic. com/cfrp/about. html.

[6] Toray Corp. 东丽纤维性能数据表. https://www. cf-composites. toray/cn/resources/data_sheets/# anc1.

[7] 张厚江，樊锐，陈五一，等．高速钻削碳纤维复合材料钻削力的研究[J]. 航空制造技术，2006，(12): 76-79，82.

[8] 曹增强．应对我国大飞机研制的装配连接技术[J]. 航空制造技术，2009，(2): 4.

[9] 辛东嵘．湿热环境中环氧树脂力学性能和界面破坏机理的研究[D]. 广州：华南理工大学，2013.

[10] Geier N，Davim J P，Szalay T. Advanced cutting tools and technologies for drilling carbon fibre reinforced polymer (CFRP) composites: Areview [J]. Composites Part a-Applied Science and Manufacturing，2019，125.

[11] Jia Z Y，Zhang C，Wang F J，et al. Multi-margin drill structure for improving hole quality and dimensional consistency in drilling Ti/CFRP stacks [J]. Journal of Materials Processing Technology，2020，276.

[12] Zhang B Y，Wang F J，Wang X D，et al. Optimized selection of process parameters based on reasonable control of axial force and hole-exit temperature in drilling of CFRP [J]. International Journal of Advanced Manufacturing Technology，2020，110 (3-4): 797-812.

[13] Sugita N，Shu L M，Kimura K，et al. Dedicated drill design for reduction in burr and delamination during the drilling of composite materials [J]. Cirp Annals-Manufacturing Technology，2019，68 (1): 89-92.

[14] 张厚江．碳纤维复合材料 (CFRP) 钻削加工技术的研究 [D]. 北京：北京航空航天大学，1998.

[15] 刘远．各向异性 CFRP 结构损伤非线性超声导波全路径成像方法研究 [D]. 广州：华南理工大学，2021.

[16] Dharan C K H. Fracture mechanics of composite materials [J]. Journal of Engineering Materials and Technology，1978，100 (3): 233-247.

[17] Dharan C K H，Ho-Chong H. Delamination during drilling in composite laminates [J]. Journal of Engineering for Industry，1990，112 (3): 236-239.

[18] Tsao C C，Chiu Y C. Evaluation of drilling parameters on thrust force in drilling carbon fiber reinforced plastic (CFRP) composite laminates using compound core-special drills [J]. International Journal of Machine Tools & Manufacture，2011，51 (9): 740-744.

[19] Tsao C C，Chen W C. Prediction of the location of delamination in the drilling of composite laminates [J]. Journal of Materials Processing Technology，1997，70 (1-3): 185-189.

[20] Dharan C K H，Won M S. Machining parameters for an intelligent machining system for composite laminates [J]. International Journal of Machine Tools & Manufacture，2000，40 (3): 415-426.

[21] Tsao C C. Experimental study of drilling composite materials with step-core drill [J]. Materials & Design，2008，29 (9): 1740-1744.

[22] Tsao C C，Hocheng H. The effect of chisel length and associated pilot hole on delamination when drilling composite materials [J]. International Journal of Machine Tools & Manufacture，2003，43 (11): 1087-1092.

[23] Tsao C C. Effect of induced bending moment (IBM) on critical thrust force for delamination in step drilling of composites [J]. International Journal of Machine Tools & Manufacture, 2012, 59:1-5.

[24] Tsao C C. Effect of pilot hole on thrust force by saw drill [J]. International Journal of Machine Tools & Manufacture, 2007, 47 (14):2172-2176.

[25] Lachaud F P R, F F C. Drilling of composite structures [J]. Composite Structures, 2001.

[26] Tsao C C, Hocheng H. Effect of tool wear on delamination in drilling composite materials [J]. International Journal of Mechanical Sciences, 2007, 49 (8):983-988.

[27] Tsao C C, Hocheng H. Effect of eccentricity of twist drill and candle stick drill on delamination in drilling composite materials [J]. International Journal of Machine Tools & Manufacture, 2005, 45 (2):125-130.

[28] Tsao C C. Drilling processes for composites [J]. Machining technology for composite materials. 2012: 17-64.

[29] Tsao C C. The effect of pilot hole on delamination when core drill drilling composite materials [J]. International Journal of Machine Tools & Manufacture, 2006, 46 (12-13):1653-1661.

[30] Ahn J H, Kim G, Min B-K. Exit delamination at the material interface in drilling of CFRP/metal stack [J]. Journal of Manufacturing Processes, 2023, 85:227-235.

[31] Everstine G C, Rogers T G. A theory of machining of fiber-reinforced materials [J]. Journal of Composite Materials, 1971, 5 (1):94-106.

[32] Zhang L C, Zhang H J, Wang X M. A force prediction model for cutting unidirectional fibre-reinforced plastics [J]. Machining Science and Technology, 2001, 5 (3):293-305.

[33] Zhang L C. Cutting composites:A discussion on mechanics modelling [J]. Journal of Materials Processing Technology, 2009, 209 (9):4548-4552.

[34] 王奔．切削力和热对 C/E 复合材料制孔损伤的影响机理 [D]. 大连：大连理工大学，2014.

[35] Gavalda Diaz O, Axinte D A. Towards understanding the cutting and fracture mechanism in ceramic matrix composites [J]. International Journal of Machine Tools and Manufacture, 2017, 118-119:12-25.

[36] 蔡晓江，邱坤贤，王呈栋，等．航空高强度碳纤维单向层合结构复合材料在切削过程中的各向异性行为研究 [J]. 南京航空航天大学学报，2014, 46 (05):684-693.

[37] 陈能．纤维增强树脂基复合材料微切削仿真与实验研究 [D]. 哈尔滨：哈尔滨工业大学，2015.

[38] Niu B, Su Y, Yang R, et al. Retracted:Micro-macro-mechanical model and material removal mechanism of machining carbon fiber reinforced polymer [J]. International Journal of Machine Tools and Manufacture, 2016, 111:43-54.

[39] Karpat Y, Bahtiyar O, Deger B. Mechanistic force modeling for milling of unidirectional carbon fiber reinforced polymer laminates [J]. International Journal of Machine Tools & Manufacture, 2012, 56:79-93.

[40] Wang X M, Zhang L C. An experimental investigation into the orthogonal cutting of unidirectional fibre reinforced plastics [J]. International Journal of Machine Tools & Manufacture, 2003, 43 (10):1015-1022.

[41] Wang F J, Yin J W, Ma J W, et al. Effects of cutting edge radius and fiber cutting angle on the cutting-induced surface damage in machining of unidirectional CFRP composite laminates [J]. International Journal of Advanced Manufacturing Technology, 2017, 91 (9-12):3107-3120.

[42] Li M J, Soo S L, Aspinwall D K, et al. Influence of lay-up configuration and feed rate on surface integrity when drilling carbon fibre reinforced plastic (CFRP) composites [J]. 2nd Cirp Conference on Surface Integrity (Csi) , 2014, 13:399-404.

[43] 周鹏．碳纤维复合材料工件切削表面粗糙度测量与评定方法研究 [D]. 大连：大连理工大学，2011.

[44] Taylor, Fred W. The art of cutting metals [J]. Metallurgical Research & Technology, 1907, 4 (1):39-65.

[45] Komanduri R, Hou Z B. Thermal modeling of the metal cutting process - part i - temperature rise dis-

tribution due to shear plane heat source [J]. International Journal of Mechanical Sciences, 2000, 42 (9): 1715-1752.

[46] Komanduri R, Hou Z B. Thermal modeling of the metal cutting process — part ii: Temperature rise distribution due to frictional heat source at the tool-chip interface [J]. International Journal of Mechanical Sciences, 2001, 43 (1): 57-88.

[47] Komanduri R, Hou Z B. Thermal modeling of the metal cutting process—part Ⅲ: Temperature rise distribution due to the combined effects of shear plane heat source and the tool-chip interface frictional heat source [J]. International Journal of Mechanical Sciences, 2001, 43 (1): 89-107.

[48] Berliner E M, Krainov V P. Analytic calculations of the temperature-field and heat flows on the tool surface in metal-cutting due to sliding friction [J]. Wear, 1991, 143 (2): 379-395.

[49] Sen L, Peng F Y, Wen J, et al. An investigation of workpiece temperature variation in end milling considering flank rubbing effect [J]. International Journal of Machine Tools & Manufacture, 2013, 73: 71-86.

[50] Zhang J, Liu Z, Du J. Prediction of cutting temperature distributions on rake face of coated cutting tools [J]. The International Journal of Advanced Manufacturing Technology, 2016, 91 (1-4): 49-57.

[51] Richardson D J, Keavey M A, Dailami F. Modelling of cutting induced workpiece temperatures for dry milling [J]. International Journal of Machine Tools & Manufacture, 2006, 46 (10): 1139-1145.

[52] Huang Y, Liang S Y. Cutting temperature modeling based on non-uniform heat intensity and partition ratio [J]. Machining Science and Technology, 2005, 9 (3): 301-323.

[53] Bäker M. Finite element simulation of high-speed cutting forces [J]. Journal of Materials Processing Technology, 2006, 176 (1-3): 117-126.

[54] Li R, Shih A J. Finite element modeling of 3d turning of titanium [J]. The International Journal of Advanced Manufacturing Technology, 2005, 29 (3-4): 253-261.

[55] Umbrello D, M'saoubi R, Outeiro J C. The influence of johnson-cook material constants on finite element simulation of machining of AISI 316L steel [J]. International Journal of Machine Tools and Manufacture, 2007, 47 (3-4): 462-470.

[56] Dutt R P, Brewer R C. On the theoretical determination of the temperature field in orthogonal machining [J]. International Journal of Production Research, 1965, 4 (2): 91-114.

[57] Wang C Y, Chen Y H, An Q L, et al. Drilling temperature and hole quality in drilling of CFRP/aluminum stacks using diamond coated drill [J]. International Journal of Precision Engineering and Manufacturing, 2015, 16 (8): 1689-1697.

[58] Wang H, Sun J, Li J, et al. Evaluation of cutting force and cutting temperature in milling carbon fiber-reinforced polymer composites [J]. The International Journal of Advanced Manufacturing Technology, 2015, 82 (9-12): 1517-1525.

[59] Wang H, Zhang X, Duan Y. Effects of drilling area temperature on drilling of carbon fiber reinforced polymer composites due to temperature-dependent properties [J]. The International Journal of Advanced Manufacturing Technology, 2018, 96 (5-8): 2943-2951.

[60] Yashiro T, Ogawa T, Sasahara H. Temperature measurement of cutting tool and machined surface layer in milling of CFRP [J]. International Journal of Machine Tools & Manufacture, 2013, 70: 63-69.

[61] Merino-Perez J L, Royer R, Merson E, et al. Influence of workpiece constituents and cutting speed on the cutting forces developed in the conventional drilling of CFRP composites [J]. Composite Structures, 2016, 140: 621-629.

[62] Chen T, Ye M L, Deng Y, et al. Study of temperature field for UVAG of CFRP based on FBG [J]. International Journal of Advanced Manufacturing Technology, 2018, 96 (1-4): 765-773.

[63] Ha S J, Kim K B, Yang J K, et al. Influence of cutting temperature on carbon fiber-reinforced plastic composites in high-speed machining [J]. Journal of Mechanical Science and Technology, 2017, 31 (4): 1861-1867.

[64] Liu J, Ren C Z, Qin X D, et al. Prediction of heat transfer process in helical milling [J]. International Journal of Advanced Manufacturing Technology, 2014, 72 (5-8):693-705.

[65] Liu J, Chen G, Ji C H, et al. An investigation of workpiece temperature variation of helical milling for carbon fiber reinforced plastics (CFRP) [J]. International Journal of Machine Tools & Manufacture, 2014, 86:89-103.

[66] Ben W, Hang G, Quan W, et al. Influence of cutting heat on quality of drilling of carbon/epoxy composites [J]. Materials and Manufacturing Processes, 2012, 27 (9):968-972.

[67] Jia Z, Fu R, Wang F, et al. Temperature effects in end milling carbon fiber reinforced polymer composites [J]. Polymer Composites, 2018, 39 (2):437-447.

[68] Bonnet C, Poulachon G, Rech J, et al. CFRP drilling:Fundamental study of local feed force and consequences on hole exit damage. [J]. International Journal of Machine Tools & Manufacture, 2015, 94: 57-64.

[69] Jain S, Yang D C H. Delamination-free drilling of composite laminates [J]. Journal of Engineering for Industry-Transactions of the Asme, 1994, 116 (4):475-481.

[70] Langella A, Nele L, Maio A. A torque and thrust prediction model for drilling of composite materials [J]. Composites Part A:Applied Science and Manufacturing, 2005, 36 (1):83-93.

[71] Paulo D J, Pedro R. Study of delamination in drilling carbon fiber reinforced plastics (CFRP) using design experiments [J]. Composite Structures, 2003.

[72] Krishnaraj V, Prabukarthi A, Ramanathan A, et al. Optimization of machining parameters at high speed drilling of carbon fiber reinforced plastic (CFRP) laminates [J]. Composites Part B:Engineering, 2012, 43 (4):1791-1799.

[73] Davim J P, Reis P. Drilling carbon fiber reinforced plastics manufactured by autoclave—experimental and statistical study [J]. Materials & Design, 2003, 24 (5):315-324.

[74] Fernandes M, Cook C. Drilling of carbon composites using a one shot drill bit. Part Ⅰ:Five stage representation of drilling and factors affecting maximum force and torque [J]. International Journal of Machine Tools and Manufacture, 2006, 46 (1):70-75.

[75] Hintze W, Schütte C, Steinbach S. Influence of the fiber cutting angle on work piece temperature in drilling of unidirectional CFRP [J]. New production technologies in aerospace industry. 2014:137-143.

[76] Xing Y Q, Deng J X, Zhang G D, et al. Assessment in drilling of C/C-SIC composites using brazed diamond drills [J]. Journal of Manufacturing Processes, 2017, 26:31-43.

[77] Tashiro T, Fujiwara J, Ochiai K. B30 endmill cutting for C/C-SIC composite (advanced machining technology) [Z]. Proceedings of International Conference on Leading Edge Manufacturing in 21st century: LEM21 20095. The Japan Society of Mechanical Engineers. 2009:667-670

[78] Montoya M, Calamaz M, Gehin D, et al. Evaluation of the performance of coated and uncoated carbide tools in drilling thick CFRP/aluminium alloy stacks [J]. International Journal of Advanced Manufacturing Technology, 2013, 68 (9-12):2111-2120.

[79] Iliescu D, Gehin D, Gutierrez M E, et al. Modeling and tool wear in drilling of CFRP [J]. International Journal of Machine Tools & Manufacture, 2010, 50 (2):204-213.

[80] Faraz A, Biermann D, Weinert K. Cutting edge rounding:An innovative tool wear criterion in drilling CFRP composite laminates [J]. International Journal of Machine Tools & Manufacture, 2009, 49 (15):

1185-1196.

[81] Hrechuk A, Bushlya V, M'saoubi R, et al. Experimental investigations into tool wear of drilling CFRP [J]. Proceedings of the 8th Swedish Production Symposium (Sps 2018) , 2018, 25:294-301.

[82] Poulachon G, Outeiro J, Ramirez C, et al. Hole surface topography and tool wear in CFRP drilling [J]. Procedia CIRP, 2016, 45:35-38.

[83] Girot F, Dau F, Guti é rrez-Orrantia M E. New analytical model for delamination of CFRP during drilling [J]. Journal of Materials Processing Technology, 2017, 240:332-343.

[84] Abrão A M, Rubio J C C, Faria P E, et al. The effect of cutting tool geometry on thrust force and delamination when drilling glass fibre reinforced plastic composite [J]. Materials & Design, 2008, 29 (2): 508-513.

[85] Heisel U, Pfeifroth T. Influence of point angle on drill hole quality and machining forces when drilling CFRP [J]. Procedia CIRP, 2012, 1:471-476.

[86] Chen W C. Some experimental investigations in the drilling of carbon fiber-reinforced plastic (CFRP) composite laminates [J]. International Journal of Machine Tools & Manufacture, 1997, 37 (8):1097-1108.

[87] Rahme P, Landon Y, Lachaud F, et al. Drilling of thick composite material with a small-diameter twist drill [J]. The International Journal of Advanced Manufacturing Technology, 2014, 76 (9-12):1543-1553.

[88] Yasar N, Gunay M. Experimental investigation on novel drilling strategy of CFRP laminates using variable feed rate [J]. Journal of the Brazilian Society of Mechanical Sciences and Engineering, 2019, 41 (3) .

[89] Edoardo C. Workpiece damping and its effect on delamination damage in drilling thin composite laminates [J]. Journal of Materials Processing Technology, 2004, 148 (2):186-195.

[90] Xu J Y, Li C, Chen M, et al. An investigation of drilling high-strength CFRP composites using specialized drills [J]. International Journal of Advanced Manufacturing Technology, 2019, 103 (9-12):3425-3442.

[91] Su F, Wang Z H, Yuan J T, et al. Study of thrust forces and delamination in drilling carbon-reinforced plastics (CFRPs) using a tapered drill-reamer [J]. International Journal of Advanced Manufacturing Technology, 2015, 80 (5-8):1457-1469.

[92] Lazar M B, Xirouchakis P. Experimental analysis of drilling fiber reinforced composites [J]. International Journal of Machine Tools & Manufacture, 2011, 51 (12):937-946.

[93] Shyha I S, Aspinwall D K, Soo S L, et al. Drill geometry and operating effects when cutting small diameter holes in CFRP [J]. International Journal of Machine Tools & Manufacture, 2009, 49 (12-13): 1008-1014.

[94] Qiu X Y, Li P N, Niu Q L, et al. Influence of machining parameters and tool structure on cutting force and hole wall damage in drilling CFRP with stepped drills [J]. International Journal of Advanced Manufacturing Technology, 2018, 97 (1-4):857-865.

[95] Qiu X Y, Li P N, Li C P, et al. Study on chisel edge drilling behavior and step drill structure on delamination in drilling CFRP [J]. Composite Structures, 2018, 203:404-413.

[96] Biermann D, Bathe T, Rautert C. Core drilling of fiber reinforced materials using abrasive tools [J]. 1st Cirp Conference on Composite Materials Parts Manufacturing (Cirp Ccmpm 2017) , 2017, 66:175-180.

[97] Butler-Smith P W, Axinte D A, Dame M, et al. A study of an improved cutting mechanism of composite materials using novel design of diamond micro-core drills [J]. International Journal of Machine Tools & Manufacture, 2015, 88:175-183.

[98] 辛志杰，郭世杰，张锦，等．刀具类型对 CFRP 制孔缺陷及孔壁质量的影响研究 [J]. 铸造技术，2016, 37 (07): 1466-1469.

[99] Hocheng H, Tsao C C. The path towards delamination-free drilling of composite materials [J]. Journal of

Materials Processing Technology, 2005, 167 (2-3): 251-264.

[100] Piquet R, Ferret B, Lachaud F, et al. Experimental analysis of drilling damage in thin carbon/epoxy plate using special drills [J]. Composites Part a-Applied Science and Manufacturing, 2000, 31 (10): 1107-1115.

[101] Yu Z, Li C P, Kurniawan R, et al. Drill bit with a helical groove edge for clean drilling of carbon fiber-reinforced plastic [J]. Journal of Materials Processing Technology, 2019, 274.

[102] Su F, Zheng L, Sun F J, et al. Novel drill bit based on the step-control scheme for reducing the CFRP delamination [J]. Journal of Materials Processing Technology, 2018, 262: 157-167.

[103] Jia Z Y, Fu R, Niu B, et al. Novel drill structure for damage reduction in drilling CFRP composites [J]. International Journal of Machine Tools & Manufacture, 2016, 110: 55-65.

[104] Tsao C C. Investigation into the effects of drilling parameters on delamination by various step-core drills [J]. Journal of Materials Processing Technology, 2008, 206 (1-3): 405-411.

[105] Xu W X, Zhang L C. On the mechanics and material removal mechanisms of vibration-assisted cutting of unidirectional fibre-reinforced polymer composites [J]. International Journal of Machine Tools & Manufacture, 2014, 80-81: 1-10.

[106] Zhang C, Yuan S, Amin M, et al. Development of a cutting force prediction model based on brittle fracture for C/SIC in rotary ultrasonic facing milling [J]. The International Journal of Advanced Manufacturing Technology, 2015, 85 (1-4): 573-583.

[107] Yuan S, Fan H, Amin M, et al. A cutting force prediction dynamic model for side milling of ceramic matrix composites C/SIC based on rotary ultrasonic machining [J]. The International Journal of Advanced Manufacturing Technology, 2015, 86 (1-4): 37-48.

[108] Herzog D, Jaeschke P, Meier O, et al. Investigations on the thermal effect caused by laser cutting with respect to static strength of CFRP [J]. International Journal of Machine Tools & Manufacture, 2008, 48 (12-13): 1464-1473.

[109] Zhang R H, Li W N, Liu Y S, et al. Machining parameter optimization of C/SIC composites using high power picosecond laser [J]. Applied Surface Science, 2015, 330: 321-331.

[110] Wu M L, Ren C Z. Active control of the anisotropic wettability of the carbon fiber reinforced carbon and silicon carbide dual matrix composites (C/C-SIC) [J]. Applied Surface Science, 2015, 327: 424-431.

[111] Liu Y S, Wang C H, Li W N, et al. Effect of energy density and feeding speed on micro-hole drilling in C/SIC composites by picosecond laser [J]. Journal of Materials Processing Technology, 2014, 214 (12): 3131-3140.

[112] Teicher U, Muller S, Munzner J, et al. Micro-edm of carbon fibre-reinforced plastics [J]. Proceedings of the Seventeenth Cirp Conference on Electro Physical and Chemical Machining (Isem), 2013, 6: 320-325.

[113] Guu Y H, Hocheng H, Chou C Y, et al. Effect of electrical discharge machining on surface characteristics and machining damage of aisi d2 tool steel [J]. Materials Science and Engineering: A, 2003, 358 (1-2): 37-43.

[114] Srinivasu D S, Axinte D A. Surface integrity analysis of plain waterjet milled advanced engineering composite materials [J]. 2nd Cirp Conference on Surface Integrity (Csi), 2014, 13: 371-376.

[115] Azmir M A, Ahsan A K. A study of abrasive water jet machining process on glass/epoxy composite laminate [J]. Journal of Materials Processing Technology, 2009, 209 (20): 6168-6173.

[116] Alberdi A, Suarez A, Artaza T, et al. Composite cutting with abrasive water jet [J]. Manufacturing Engineering Society International Conference, (Mesic 2013), 2013, 63: 421-429.

[117] Pereira R B D, Brandao L C, De Paiva A P, et al. A review of helical milling process [J]. International

Journal of Machine Tools & Manufacture, 2017, 120:27-48.

[118] Brinksmeier E, Fangmann S, Meyer I. Orbital drilling kinematics [J]. Production Engineering, 2008, 2 (3):277-283.

[119] Voss R, Henerichs M, Kuster F. Comparison of conventional drilling and orbital drilling in machining carbon fibre reinforced plastics (CFRP) [J]. Cirp Annals -Manufacturing Technology, 2016, 65 (1): 137-140.

[120] Ahmad N, Khan S A, Raza S F. Influence of hole diameter, workpiece thickness, and tool surface condition on machinability of CFRP composites in orbital drilling:A case of workpiece rotation [J]. International Journal of Advanced Manufacturing Technology, 2019, 103 (5-8):2007-2015.

[121] 郭建刚．碳纤维复合材料螺旋铣孔铣削力试验研究 [D]. 大连：大连交通大学，2013.

[122] Brinksmeier E, Fangmann S. Burr and cap formation by orbital drilling of aluminum [J]. Burrs - Analysis, Control and Removal, 2010:31-45.

[123] Denkena B, Boehnke D, Dege J H. Helical milling of CFRP-titanium layer compounds [J]. CIRP Journal of Manufacturing Science and Technology, 2008, 1 (2):64-69.

[124] 王海艳．难加工材料螺旋铣孔动力学研究 [D]. 天津：天津大学，2012.

[125] 王奔，高航，毕铭智，等．C/E 复合材料螺旋铣削制孔方法抑制缺陷产生的机理 [J]. 机械工程学报，2012, 48 (15):173-181.

[126] 王亚飞．航空难加工材料螺旋铣孔专用刀具研究 [D]. 杭州:浙江大学，2014.

[127] Zhou L, Ke Y L, Dong H Y, et al. Hole diameter variation and roundness in dry orbital drilling of CFRP/Ti stacks [J]. International Journal of Advanced Manufacturing Technology, 2016, 87 (1-4):811-824.

[128] Ni W. Orbital drilling of aerospace materials[C]. AeroTech Congress & Exhibition. Los Angeles, California, USA. 2007:29807-29817.

[129] 高航，孙超，冉冲，等．叠层复合材料超声振动辅助螺旋铣削制孔工艺的试验研究 [J]. 兵工学报，2015, 36 (12):2342-2349.

[130] Eguti C C A, Trabasso L G. Design of a robotic orbital driller for assembling aircraft structures [J]. Mechatronics, 2014, 24 (5):533-545.

[131] Yagishita H, Osawa J. Hole making machine based on double eccentric mechanism for CFRP/TiAl6V4 stacks [J]. 43rd North American Manufacturing Research Conference, Namrc 43, 2015, 1:747-755.

[132] 王欢．钛合金螺旋铣孔试验研究 [D]. 大连：大连理工大学，2015.

[133] 潘泽民．CFRP/Ti 复合结构螺旋铣孔自动控制技术研究 [D]. 杭州：浙江大学，2016.

[134] 张云志，刘华东，邹方，等．螺旋轨迹制孔技术在航空制造中的应用 [J]. 航空制造技术，2013, (22):34-39.

[135] Wang H Y, Qin X D, Li H, et al. A comparative study on helical milling of CFRP/Ti stacks and its individual layers [J]. International Journal of Advanced Manufacturing Technology, 2016, 86 (5-8): 1973-1983.

[136] Li H, He G Y, Qin X D, et al. Tool wear and hole quality investigation in dry helical milling of Ti-6Al-4V alloy [J]. International Journal of Advanced Manufacturing Technology, 2014, 71 (5-8): 1511-1523.

[137] Zhou L, An G S, Li W S, et al. Study of undeformed chip and cap geometries at three machining stages in the orbital drilling process [J]. International Journal of Advanced Manufacturing Technology, 2019, 104 (5-8):2429-2445.

[138] Zhou L, Dong H, Ke Y, et al. Analysis of the chip-splitting performance of a dedicated cutting tool in dry orbital drilling process [J]. The International Journal of Advanced Manufacturing Technology, 2016, 90 (5-8):1809-1823.

[139] 杨国林．面向航空航天构件装配的螺旋铣孔工艺及装备 [D]. 大连：大连理工大学，2021.

[140] Wang Q, Wu Y, Bitou T, et al. Proposal of a tilted helical milling technique for high quality hole drilling of CFRP: Kinetic analysis of hole formation and material removal [J]. The International Journal of Advanced Manufacturing Technology, 2017, 94 (9-12): 4221-4235.

[141] Gao Y F, Xiong J, Xiao J H, et al. A tilted orbital grinding technique for hole-making of CFRP composite laminates [J]. International Journal of Advanced Manufacturing Technology, 2019, 104 (1-4): 661-673.

[142] Tanaka H, Ohta K, Takizawa R, et al. Experimental study on tilted planetary motion drilling for CFRP [J]. Fifth Cirp Conference on High Performance Cutting 2012, 2012, 1: 443-448.

[143] Ohta K, Tanaka H, Takizawa R. Development of tilted planetary drilling system [J]. Fifth Cirp Conference on High Performance Cutting 2012, 679-680.

[144] Pereszlai C, Geier N. Comparative analysis of wobble milling, helical milling and conventional drilling of CFRPs [J]. International Journal of Advanced Manufacturing Technology, 2020, 106 (9-10): 3913-3930.

[145] Wang G D, Kirwa M S, Li N. Experimental studies on a two-step technique to reduce delamination damage during milling of large diameter holes in CFRP/Al stack [J]. Composite Structures, 2018, 188: 330-339.

[146] Boccarusso L, De Fazio D, Durante M, et al. CFRPs drilling: Comparison among holes produced by different drilling strategies [J]. 12th Cirp Conference on Intelligent Computation in Manufacturing Engineering, 2019, 79: 325-330.

[147] Su F, Hu Z H, Rong Z, et al. New drill-milling tools for novel drill-milling process of carbon fiber-reinforced plastics [J]. International Journal of Advanced Manufacturing Technology, 2020, 107 (1-2): 217-228.

[148] Koenigsberger F, Sabberwal A J P. An investigation into the cutting force pulsations during milling operations [J]. International Journal of Machine Tool Design and Research, 1961, 1 (1-2): 15-33.

[149] Haiyan W, Xuda Q. A mechanistic model for cutting force in helical milling of carbon fiber-reinforced polymers [J]. The International Journal of Advanced Manufacturing Technology, 2015, 82 (9-12): 1485-1494.

[150] Denkena N, Rehe, & Dege. . Process force prediction in orbital drilling of tial6v4 [J]. 9th International Conference on Advanced Manufacturing Systems and Technology, 2011.

[151] Budak E, Altintas Y, Armarego E J A. Prediction of milling force coefficients from orthogonal cutting data [J]. Journal of Manufacturing Science and Engineering-Transactions of the Asme, 1996, 118 (2): 216-224.

[152] Wang M H, Gao L, Zheng Y H. An examination of the fundamental mechanics of cutting force coefficients [J]. International Journal of Machine Tools & Manufacture, 2014, 78: 1-7.

[153] Rey P A, Ledref J, Senatore J, et al. Modelling of cutting forces in orbital drilling of titanium alloy Ti-6Al-4V [J]. International Journal of Machine Tools and Manufacture, 2016, 106: 75-88.

[154] Hu Y, Ding H, Shi Y, et al. A predictive model for cortical bone temperature distribution during drilling [J]. Phys Eng Sci Med, 2021, 44 (1): 147-156.

[155] 廖志荣．骨材料切削加工及一种新型刀具研究 [D]. 哈尔滨：哈尔滨工业大学，2017.

[156] Shaw M C, Cookson J O. Metal cutting principles [J]. Tribology International, 1985, 18 (1): 55-55.

[157] Lazoglu I, Altintas Y. Prediction of tool and chip temperature in continuous and interrupted machining [J]. International Journal of Machine Tools & Manufacture, 2002, 42 (9): 1011-1022.

[158] 付饶．CFRP 低损伤钻削制孔关键技术研究 [D]. 大连：大连理工大学，2017.

[159] 张增增．高温地层 PDC 切削齿碎岩过程中热损伤及温度场热应力场的研究 [D]. 长春：吉林大学，2021.

[160] Wang G D, Suntoo D, Li N, et al. Experimental research in CFRP/Ti stack through different helical milling strategies [J]. International Journal of Advanced Manufacturing Technology, 2018, 98 (9-12): 3251-3267.

[161] Schulze V, Becke C, Weidenmann K, et al. Machining strategies for hole making in composites with minimal workpiece damage by directing the process forces inwards [J]. Journal of Materials Processing Technology, 2011, 211 (3): 329-338.

[162] 鲍永杰．C/E 复合材料制孔缺陷成因与高效制孔技术 [D]. 大连：大连理工大学，2010.

[163] Isbilir O, Ghassemieh E. Numerical investigation of the effects of drill geometry on drilling induced delamination of carbon fiber reinforced composites [J]. Composite Structures, 2013, 105: 126-133.

[164] Feito N, Diaz-Alvarez J, Lopez-Puente J, et al. Experimental and numerical analysis of step drill bit performance when drilling woven CFRPs [J]. Composite Structures, 2018, 184: 1147-1155.

[165] 高汉卿．碳纤维增强树脂基复合材料宏细观切削过程仿真 [D]. 大连：大连理工大学，2016.

[166] Palanikumar K, Karunamoorthy L, Karthikeyan R. Assessment of factors influencing surface roughness on the machining of glass fiber-reinforced polymer composites [J]. Materials & Design, 2006, 27 (10): 862-871.

[167] Rahman M, Ramakrishna S, Prakash J R S, et al. Machinability study of carbon fiber reinforced composite [J]. Journal of Materials Processing Technology, 1999, 90: 292-297.

[168] 蔡晓江．基于复合材料各向异性的切削力热变化规律和表面质量评价试验研究 [D]. 上海：上海交通大学，2014.

[169] Su Y L, Jia Z Y, Niu B, et al. Size effect of depth of cut on chip formation mechanism in machining of CFRP [J]. Composite Structures, 2017, 164: 316-327.

[170] Jain S, Yang D C H. Effects of feedrate and chisel edge on delamination in composites drilling [J]. Journal of Engineering for Industry-Transactions of the Asme, 1993, 115 (4): 398-405.

[171] Tsao C C, Hocheng H. Computerized tomography and C-scan for measuring delamination in the drilling of composite materials using various drills [J]. International Journal of Machine Tools & Manufacture, 2005, 45 (11): 1282-1287.

[172] Sadek A, Meshreki M, Attia M H. Characterization and optimization of orbital drilling of woven carbon fiber reinforced epoxy laminates [J]. Cirp Annals-Manufacturing Technology, 2012, 61 (1): 123-126.

[173] 解正友．面向切削过程在线监测的多传感器集成式智能刀柄研究 [D]. 哈尔滨：哈尔滨工业大学，2019.

[174] 吴金广，苏红乡，陈晓，等．基于 OPC、Ethernet 及 Field-bus 的热网控制系统设计[C]//中国市政工程华北设计研究学院有限公司．《煤气与热力》杂志社有限公司．2017 供热工程建设与高效运行研讨会论文专题报告．山东省城乡规划设计研究院，2017：4.